古生物学基础实验指导书

朱才伐　编著

中国石化出版社

内 容 提 要

《古生物学基础实验指导书》是中国石化出版社普通高等教育“十三五”规划教材《古生物学基础教程》的配套教材。本书系统介绍古生物化石的特点，化石的采集、处理，化石的研究方法与应用等古生物实践基础知识，以及古生物重要门类标准化石实验观察与鉴定方法。内容包括实验目的与要求、实验材料、实验方法指导、作业或思考题、知识扩展阅读材料等。

本书可作为地质工程、资源勘查工程等相关石油类和地质类专业本科古生物学实验、实践课程教材。

图书在版编目(CIP)数据

古生物学基础实验指导书／朱才伐编著.
—北京：中国石化出版社，2018.3
ISBN 978-7-5114-4664-0

Ⅰ.①古… Ⅱ.①朱… Ⅲ.①古生物学-实验-高等学校-教学参考资料 Ⅳ.①Q91-33

中国版本图书馆 CIP 数据核字(2018)第 035364 号

中国石化出版社出版发行
地址：北京市朝阳区吉市口路 9 号
邮编：100020 电话：(010)59964500
发行部电话：(010)59964526
http://www.sinopec-press.com
E-mail:press@sinopec.com
北京科信印刷有限公司印刷
全国各地新华书店经销
*
787×1092 毫米 16 开本 5 印张 117 千字
2018 年 2 月第 1 版 2018 年 2 月第 1 次印刷
定价：18.00 元

前 言

《古生物学基础实验指导书》是中国石化出版社普通高等教育“十三五”规划教材《古生物学基础教程》的配套教材。根据地质工程、资源勘查工程专业本科培养方案、教学体系改革的需要编写而成，教材编写遵循以下指导思想和原则：(1)加强学科基础知识和基本技能训练；(2)锻炼学生实践能力和综合分析能力；(3)形象化、直观化，突出趣味性与实用性，激发学生主动学习的积极性。

本书介绍了古生物化石的特点，化石的采集、处理，化石的研究方法与应用等古生物实践基础知识，以及古生物重要门类标准化石的实验观察与鉴定方法。内容包括实验目的与要求、实验材料、实验方法指导、作业或思考题、知识扩展阅读材料等。

本书将艰涩难懂的古生物学实验教学内容通过图、表形式融合于教材体系中，使内容更加直观，有助于学生利用实验指导书自行完成实验过程，强化理论教学与实验实践训练的有机结合。

本书可作为地质工程、资源勘查工程等相关石油类和地质类专业本科古生物学实验、实践课程教材。

目录

实验一　化石的保存与类型

（2 学时，验证性）

一、预习内容

古生物学的研究对象——化石概念、化石保存类型、石化作用等内容。

二、实验目的与要求

1. 掌握生物显微镜基本结构及使用方法。
2. 通过实习，全面了解化石的定义。
3. 认识化石形成的条件，了解化石形成的过程。
4. 认识化石保存的四大类型。
5. 掌握化石研究的基本方法。

三、实验内容

（一）透视生物显微镜的基本结构及使用方法

1. 透视生物显微镜的基本结构（图 1-1）。

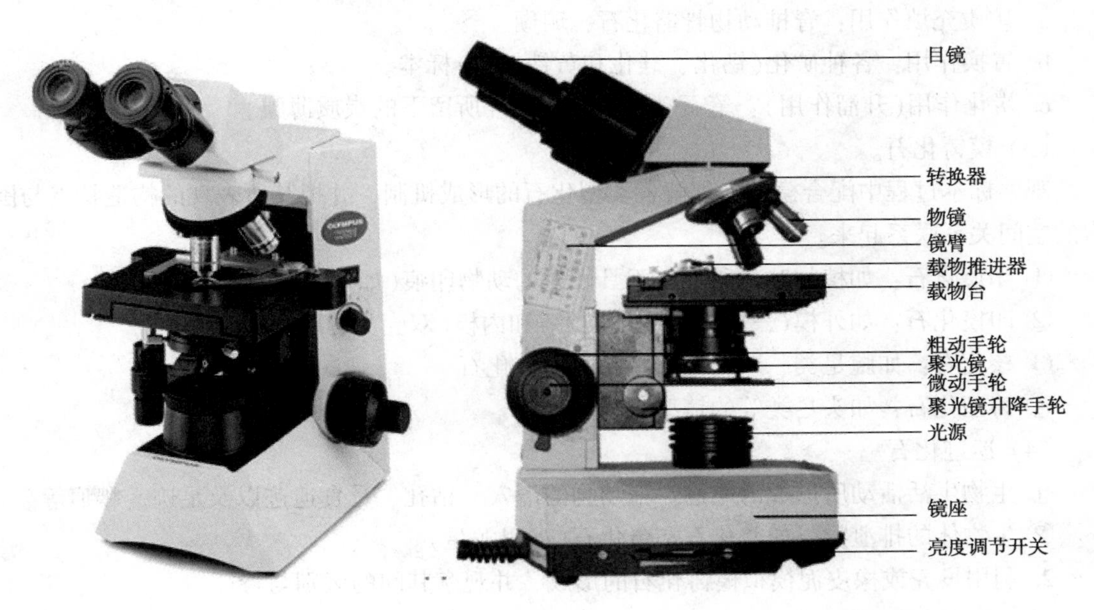

图 1-1　显微镜的基本结构图

2. 透视生物显微镜的使用方法。

在古生物研究中，为了观察化石的内部构造和微细结构，通常要将其磨制成不同切面的薄片，然后在显微镜下观察。

观察步骤如下：

(1) 放置薄片：将薄片置于载物台中间圆孔上，并用卡夹(或移动尺)夹住。

(2) 对光：用凹面反射镜将自然光或灯光折射至视域中心。

(3) 调焦距：先将镜筒下降并靠近薄片，然后旋转粗动手轮提升镜筒，同时通过目镜观察至看见化石轮廓为止，再旋转微动手轮至图像完全清晰。

(4) 低倍物镜换成高倍物镜观察：一般先用低倍物镜观察标本，有时需用倍数高的高倍物镜观察更细小的构造时，必需把镜筒适当提高，然后换成高倍物镜，并下降镜筒靠近薄片，然后旋转微动手轮缓慢提升，直至图像清晰。

注意事项如下：

(1) 用高倍物镜观察时，极易压坏薄片，因此务须按操作步骤进行。

(2) 不许用手指或纸巾擦拭镜片，如有尘土可用镜头纸或干净毛笔轻轻拭去。

(3) 显微镜用毕后须把镜筒放正，用镜罩覆盖或装入箱内。

(二) 实验标本的观察

1. 要求对所备的各类化石标本进行认真观察，注意区别各种化石的保存类型及其特征。

(1) 真化石与假化石。

(2) 实体化石、模铸化石与遗迹化石。

① 未石化或微石化的实体化石，如琥珀中的昆虫化石。

② 不同石化作用下形成的实体化石。

a. 矿质充填作用：脊椎动物骨骼化石，珊瑚。

b. 置换作用：各种矿化(钙化、硅化和黄铁矿化)标本。

c. 炭化作用(升溜作用)：笔石动物和植物叶片所留下的炭质薄膜。

(3) 模铸化石。

观察标本过程中配合模型来理解各类型化石的形成机制，并把其所表现的构造特点与围岩的空间关系联系起来。

① 印痕化石：如植物叶片印痕，不具硬体的动物印痕(如水母印痕)。

② 印模化石：如外模(三叶虫、腕足类等)和内模(双壳类、腕足类)。

③ 核化石：如腕足类、双壳类、腹足类的核化石。

④ 铸型化石：如头足类等的铸型化石。

(4) 遗迹化石。

① 生物生活活动所形成的遗迹：如动物的潜穴、钻孔、觅食遗迹以及足迹、爬痕等。

② 生物体的排泄物：如粪化石和蛋化石(如恐龙蛋)。

2. 利用贝壳或橡皮泥模拟模铸化石的形成，并观察其间的区别与特征。

(1) 印痕化石。

(2) 印模化石(外模、内模)。

(3) 核化石(内核、外核)。

(4) 铸型化石。

四、实验方法指导

(一) 化石保存类型

化石保存类型主要有(图1-2)：

(1) 实体化石；

(2) 模铸化石；

(3) 遗迹化石。

图1-2 假化石及化石类型

1—假化石；2—交代作用(黄铁矿化)形成的菊石化石(变化实体化石)；3—升馏碳化作用形成的植物化石(变化实体化石)；4—琥珀中的昆虫(未变实体化石)；5—核化石；6—印模化石；7—恐龙足迹(遗迹化石)；8—恐龙蛋(遗物化石)

五、作业与思考题

1. 化石是如何形成的？
2. 标准化石和指相化石有什么重要意义？
3. 如何区分原地埋藏和异地埋藏？
4. 印模化石与印痕化石如何区别？
5. 按要求完成实验报告。

六、知识扩展阅读材料

化石的研究方法

古生物的研究工作一般分为野外采集标本和室内研究两个阶段。前者是整个工作的基础，决定着研究结果的质量和深入程度；后者是通过对野外资料的整理、分类鉴定、居群分析及对有代表性的居群标本进行描述、照相，最后撰写研究报告或论文，提交研究成果，解决生产实践或科学研究课题。

1. 野外标本采集

野外标本采集是古生物学研究最重要的工作环节，每个地质工作者都必须非常重视并学会野外采集标本的工作。野外采集标本的数量越多、质量越好，则研究材料越丰富，研究结果越深入、越准确。

野外采集标本工作的要求是根据研究任务而定的。

1）区域地层划分对比工作的标本采集

首先，应对研究区进行全面踏勘，了解区域内所研究的地层发育、出露情况、化石产出情况、地层上下接触关系情况等，对于踏勘路线上所有露头上的化石都不应忽视，要将所采集到的化石产出地点、层位、岩性及上下地层情况作详记述。

其次，实测地质剖面，要选择在岩层出露好、地质构造简单、地层接触关系清楚、化石较丰富的区段进行。实测剖面时，应将主要精力放在寻找化石上，在可能的情况下应采取分段、分层的办法逐层采集。对于在踏勘中已经发现的含化石层位要作进一步的重点采集，注意采集各门类化石，数量尽量多些。对于所采集的化石，要求在野外现场按顺序编号，填写标签，并包装好。编号要反映实测剖面编号及化石所在层位等内容，标签要尽量填写详细。对于易磨损的化石，要用软纸或棉花盖住化石再用纸包装；对于易碎的珍贵化石，应装在较硬的纸、木盆内。

2）古生态或某一门类古生物研究的化石采集

以古生态学为研究目的的化石采集，应该采集多门类的化石，在采集之前首先应该做好化石保存状态，化石与围岩的关系的记录、照相和统计等工作，采样时尽量保存原有状态和适当的围岩大小，有时需大块采样。把保存完整的化石进行分别统计和分别采样。对于垂直剖面，更为方便的方法是引伸线法或切线法。

以古生物的生物学性质为研究目的的化石采集，则要求化石标本的采集量大而全面，尤其要注重所有各种类型化石，包括各种类别、各种保存状况和各种大小个体，并要作相应的记叙和统计工作。首先对地层层序，岩石性质、厚度、上下接触关系等进行常规测量，然后着重收集反映古生物本身的一些专门资料。例如，古生物群落数量，共生、共栖资料，化石定向资料，原地埋葬和再沉积资料，礁体观察研究资料，沉积岩显微观察标本和化学分析标本等。对于所采集到的标本、观察到的有关资料都要进行详细的分类、编号、登记描述以及照相等。最后，须按要求包装好。

3）大型脊椎动物化石的采集

大型脊椎动物化石的保存往往比较零散，困难的是如何及时发现化石并注意保护现场，然后在专业人员的指导下进行采集。因此，要注意专业人员与群众相结合，到可能赋存化石的采石场、采矿场、砂矿场、水利工程工地，向那里的工作人员访问并宣传有关化石的知识和保护化石的意义。我国的许多大型脊椎动物化石都是在人民群众参加下发现的。另外，不少大型脊椎动物化石是在偶然的情况下发现的。当在踏勘中发现与大型脊椎动物有关的零星化石时，应注意沿河谷、山谷向上寻找，以便确定化石的原生地。

大型脊椎动物化石发现以后，专业人员应根据化石出露部分，分析估计化石体的大小尺寸，确定采集方案，将预计化石体可能保存的范围打成 1m×1m 的格子，并对格子编号，作野外编号素描图及照相，然后再按方格整块采集，分箱包装。要特别注意各部分化石的位置、顺序及产出特点，所有工作都要为将来化石的整体拼接复原与鉴定工作服务。

4）矿井内化石的采集

矿井内化石的采集一定要在熟悉矿井地质、地层及巷道情况的基础上，在矿井工作人员(最好是地质技术人员)的伴同下进行。井下工作的安全装备要齐全，要通过访问矿区地质技术人员和生产第一线的工人，掌握各类化石的产出层位。一般情况下，都要根据井下开拓开采所暴露的地层在地质人员引导下有目标地进行采集。由于矿井下地层暴露范围有限，可以在不同地点、不同工作面采集同一层位的化石，有可能时，各种类型的化石应尽量多采集。矿井内采集化石的编号及标签登记内容应反映出所在矿井、开采水平、工作面等信息。

5）钻井岩心化石的采集

钻井岩心采集化石可以由钻机地质技术人员在钻探取心过程中连同岩性观察描述一起进行。但一般多是为着某一研究目的在某一钻井任务完成以后而进行化石采集，此时应在钻井地质人员指导下，将钻井岩心按照从上到下的顺序排列好，然后逐段进行观察采集。用地质锤敲打时注意用力的方向，使岩心沿层面断裂开，以利于采集到较完整的化石。对于有利于保存某类化石的岩性和已被钻机地质人员发现化石的层、段，应注意重点采集。钻井岩心所采集化石的编号及标签所记述的内容应包括勘探线编号、钻井号、钻井深度等，人们经常采取的办法是用胶布将标签贴在标本上并写上编号。

6）微体化石样品的采集

微体化石在野外一般不能用肉眼观察，不能像大化石那样从围岩上直接进行剥离，通常是将其与围岩或沉积物一起采集，再在室内经过实验室处理分离，从而获取所需化石标本。微体化石依据围岩类型和化石本身成分结构不同而各有不同的采集、处理分离方法。但多数微体化石需要进行酸处理，以溶解围岩。

由于微体生物的生活环境、硬体化学成分、物理性质、化石保存状况等方面不同，使得微体化石在不同沉积物和岩石中的产出频率不同(表 1-1)，因而野外微体样品应尽可能在产出频率大的沉积物或岩石中采集。

表 1-1 沉积物(岩)与常见微体化石的产出频率

沉积物性质	非钙质、非硅质、非炭质					钙质			硅质			炭质			
岩性	砾岩	粗砂岩	细砂岩	泥岩	黏土岩	钙质砂岩	石灰岩	钙质泥岩	硅质泥岩	硅藻土	燧石	炭质岩	炭质泥岩	泥炭	煤
有孔虫	Δ	●	○	○	●	○	○	○	●	●	Δ	Δ	Δ	Δ	Δ
介形虫	●	●	○	○	●	●	○	○	●	Δ	Δ	Δ	Δ	Δ	Δ
轮藻	Δ	●	○	○	●	●	●	○	Δ	Δ	●	Δ	●	Δ	Δ
纺锤虫、钙质超微体浮游生物	Δ	●	●	○	○	●	○	○	●	●	Δ	Δ	Δ	Δ	Δ
钙质红藻	Δ	Δ	●	●	●	○	○	○	Δ	Δ	Δ	Δ	Δ	Δ	Δ
钙质绿藻	Δ	Δ	●	●	●	○	○	○	Δ	Δ	Δ	Δ	Δ	Δ	Δ
牙形虫	Δ	Δ	●	●	●	●	○	○	●	Δ	●	Δ	Δ	Δ	Δ
放射虫	Δ	Δ	○	○	●	●	●	●	○	○	○	Δ	Δ	Δ	Δ
硅藻、钙鞭藻	Δ	●	●	○	○	●	Δ	●	○	○	●	Δ	Δ	Δ	Δ
花粉、孢子、沟鞭藻、几丁虫	●	●	●	○	○	●	●	●	●	●	●	●	○	○	○

注：Δ—无；●—低产出频率；○—高产出频率。

微体化石样品既可采自野外露头、能源与各类工程勘探开发所钻的钻井样品，也可采自海底、湖底沉积物。露头采样力求新鲜，尽量不采或少采风化破碎的岩石。钻井采样有岩心采样、岩屑采样和井壁取心 3 种，以岩心采样为最佳。

样品采集间距视工作目的和岩性特点而定，密至几厘米甚至连续采样，疏至几十米间隔。

样品采集量取决于所采化石的类别和岩性，采集数量通常为处理化石所需数量的 5～10 倍，如牙形石样品需采集 1～3kg，而钙质超微样品只需采集 10g 左右。

此外，在以特定的微体化石为研究对象时，对于哪种地层(岩相)含有这种特定化石，含这种特定化石的地层出露在哪些地方等问题，在采样前必须弄清。所以，采集前弄清各种微体化石的地史分布也十分重要。

2. 化石标本的处理

从野外采集的化石标本及微体化石样品，应根据化石保存类型和研究方法的不同，采用不同的方法进行处理。

1）大化石标本的处理

这里所说的大化石，习惯上包括了大型脊椎动物化石和植物化石在内的所有以上的动植物化石。在野外采集的化石，其实体、内模、外模的表面往往粘有围岩碎块，会影响对化石特征的研究，因而需将围岩碎块除去。表面修理方法较简单，一般为用钢针、刻刀轻轻将围岩剔去。此项工作需要十分细心和耐心，万万不可操之过急。对于较硬的岩石来讲，须采取轻轻敲打、震动、剔除的办法；对于软质泥岩、页岩，注意轻轻顺层抠除、逐渐暴露化石体；对于含笔石、植物枝叶化石的泥岩、页岩，在修理时还可以顺层剥开，有时仍可发现完好的化石；对于包裹在硬质岩石中的实体化石(如石灰岩中的腕足动物化石等)，试用淬火法，使化石与围岩完全脱离，常可以得到十分精美、完整的化石标本。

对于不少类型化石的研究，常需要观察其内部构造，因而对部分实体化石往往采用切、磨薄片的方法，如珊瑚、头足动物及腕足动物等。磨片方法不但对研究无脊椎动物化石内部显微构造，而且对研究脊椎动物化石及遗迹化石的显微构造，都具有重要意义。

在陆生植物化石研究工作中，为了解其表皮构造，可采用浸解法，即将化石碎片浸泡在浓硝酸中，至透明为止；然后投入的氨水中；水洗后，用浓酒精脱水，最后用树胶封片，即可在显微镜下观察。

大型脊椎动物化石和植物化石，身体各部分往往分开保存，从研究工作或展览的需要出发，这就要求将零散的化石材料进行复原工作。这项工作，一方面需要大量的化石资料；另一方面也需要研究者具有比较丰富的比较解剖学知识。

2）微体化石的实验室处理

以微体化石作为研究对象时，除特殊情况外，都必须把化石个体从岩石与沉积物中分离取出，然后再根据化石种类与研究目的进行处理。试样处理质量的优劣，对研究成果影响很大，因此，必须十分重视并注意做好样品处理这项基础工作。根据化石种类与含化石的样品岩性特征不同，往往采取不同的处理方法和处理流程。但在一般情况下都需要交替使用物理与化学的方法，首先将化石与围岩分离，再经过对样品的冲洗、烘干、挑选、制片，最后才能得到可供鉴定的微体化石(图1-3)。

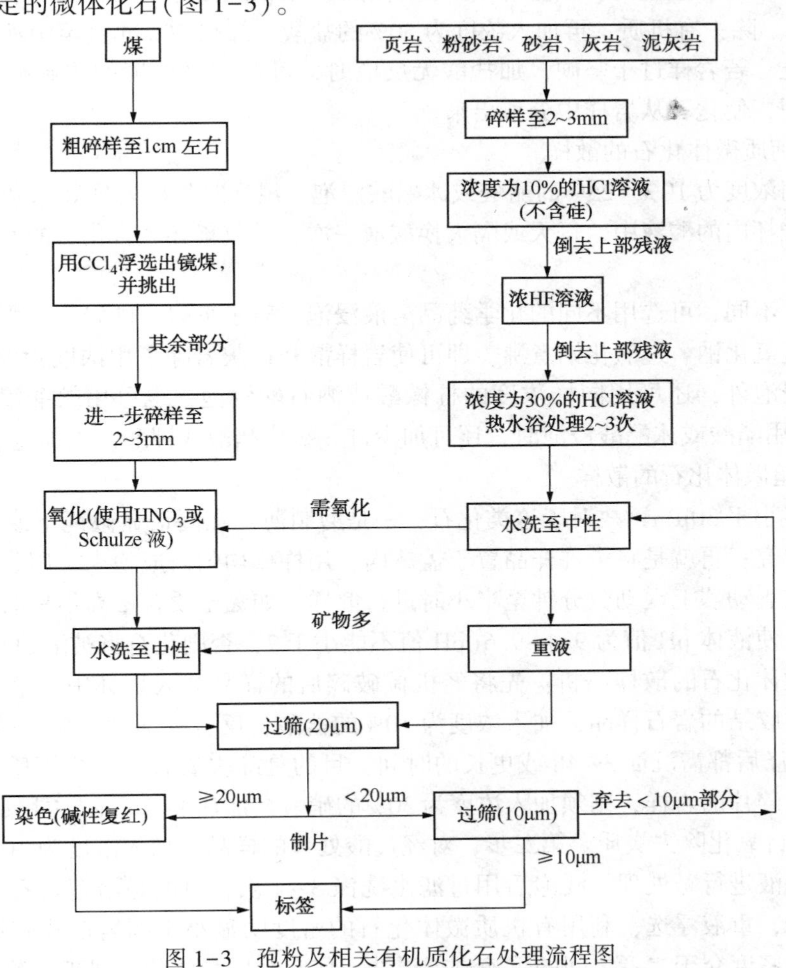

图1-3　孢粉及相关有机质化石处理流程图

（1）碎样。

一般采用物理的机械破碎方法，将岩样碎成 $1cm^3$ 大小的碎块。碎样的方法可以有多种，但须以不破坏化石为前提。

（2）散样。

散样是将围岩分散，使化石与围岩分离，一般采用物理、化学方法。对于已固结成岩的样品，首先采用机械将样品破碎成一定大小的碎块，有时可在碎样中投入酸或碱，以释放出氧气小泡使样品松散。视化石和岩性特点不同，散样可选用不同的方法。

① 钙质微体化石的散样。

为松软易碎的岩样，可用清水或自来水浸泡，有时可略加煮沸。为含黏土质较多的岩样。用清水浸泡煮沸时，可加少许(一汤匙)碳酸氢钠。较硬结的细粒岩样，可先烘干，加入汽油浸泡 1h，倒出汽油，再用清水浸泡。坚硬致密的岩样。或置于茂福炉内加热至 700～800℃，迅速取出并倒入冷水中，利用热胀冷缩使岩样破碎，或加入 10～50℃饱和的芒硝溶液放入冰箱冷冻至-5℃，借芒硝的结晶力使岩样破碎。

② 硅质微体化石的散样。

将岩样置于加稀盐酸的碳酸盐溶液中，或用 20～25mL 浓度为 30%的双氧水浸泡，加热近沸约 20min。除去有机质，再加入浓度为 50%的盐酸，加热 20min 直至溶液呈黄绿色、反应停止时为止。若岩样过于坚硬，加盐酸无反应时，可用 95%浓度的浓硫酸和浓度为 70%的浓硝酸处理，使化石从岩样中分离出来。

③ 磷酸钙质微体化石的散样。

一般可用浓度为 10%～25%的醋酸或冰醋酸浸泡。浸泡时将碎岩样装入塑料窗纱制的网袋，悬放于烧杯内的酸液中，每天或隔天换酸液一次，并收集杯底含化石的残渣，如此反复多次。

由于岩性不同，可选用不同的化学药品溶液浸泡。对于页岩、砂岩，可用清水浸泡后加入硫酸钠或氢氧化钠、过氧化钠煮沸，即可使岩样散开；灰岩除了用浓度为 10%～25%的醋酸或冰醋酸浸泡外，还可用同样浓度的柠檬酸或酒石酸浸泡，也可用蚁酸浸泡(切不可加热)；白云岩用醋酸或冰醋酸浸泡时，还可加少许一氯代醋酸或钾酸，以加速散样速度。

④ 钙质超微体化石的散样。

因个体多小于 30μm，故对于这类化石，一是磨制薄片在高倍显微镜下或在电子显微镜下进行观察研究；再就是将少许样品置于盂钵内，用杵棒均匀研成粉末，用蒸馏水浸泡；并可放在超声波震动器上震动数分钟至半小时进行散样。如黏土质含量高不易散样时，可加入少许碳酸钠，使液体 pH 值为 9.4～9.6(pH 值不能小于 7，否则化石将被溶蚀)。

有机质微体化石的散样离析：先将经机械破碎后的样品装入烧杯中，第一步进行酸处理，对于钙质胶结的岩石样品，加入浓度为 10%的盐酸，反应完毕后，加入过滤水清洗 3～4 次，每次洗涤后都需沉淀 3～4h 或更长的时间，目的是除去岩石中所含钙质；对于含有植物残体或炭质碎片的岩样，则须加入浓度为 30%的硝酸，加热 1～3min，再用过滤水清洗 3～4 次，以便进行氧化除去炭质。第二步，对经过酸处理的样品，加入浓度为 10%的氢氧化钾或氢氧化钠溶液进行碱处理，浸泡后用过滤水洗涤 3～4 次，目的是溶解岩石的胶结物和腐植酸。第三步，重液浮选，利用有机质微体化石的密度明显小于围岩矿物碎屑的密度的特点，选用一种密度介于二者之间的重液进行浮选，使有机质微体化石浮于重液表面，围岩矿物颗粒沉于重液之底。第四步，沉淀稀释，即将静置后的样品中的重液吸到另一烧杯中，烧杯中装有3倍于重液体积、浓度约为0.5%的冰醋酸，以便降低重液的密度，使之降到有机质微体化石密度之下，经静置后，有机质微体化石将沉淀于杯底。第五步，洗涤离心，即将烧杯底部集中有机质微体化石的重液倒入离心管中，每次离心5~10min，离心完毕，再用过滤水洗涤离心2~3次，将离心管中的水倒净，滴几滴甘油于离心管中，以备制片鉴定使用。

(3) 化石分离和人工富集。

一般来说，微体化石在样品中含量很低，为了避免“大海捞针”，必须对样品中化石进行分离和人工富集，其方法主要包括过筛法和浮选法：过筛法是依据微体化石的直径大小，选用适当孔径的筛子过筛进行化石分离，使化石得到人工富集；浮选法是依据微体化石密度大小，配制适当的密度液，使化石与岩屑分离，从而达到化石富集的目的。化石分离和人工富集的常用步骤包括冲样、烘样和挑样。

① 冲样。

除钙质、有机质微体化石及钙质超微化石外，散样后的样品都需要进行冲样，即选用几层不同孔径的套筛用清水冲洗，使大小不同的碎屑残渣进入不同孔径的套筛，以除净泥质微粒。这是国内采用较多的套筛冲洗法。

② 烘样。

将套筛内洗净的样品移入干净的烧杯或瓷坩埚内，送入干燥箱烘干。

③ 挑样。

将烘干的样品置于双目立体镜下观察挑选，并将所挑选出的微体化石放入特制的纸质薄片盒内妥善保存，以供制片、鉴定、研究之用。

在整个过程中，切忌不同的样品相混。如果样品数量较多，碎样或冲样后，可留取一半不散样、不挑样，妥善保存备用。

(4) 制片。

从已处理过的富集样品中将微体化石挑选出来，有些类别则需要经过室内磨制薄片。同一种化石样品，一般需要磨制纵、横切面薄片各2张，以便研究化石的内部构造及微细构造。

制片方法为：把微体化石固定在载片或标本盒内保存，或者直接将经过处理富集的样品制成薄片进行观察。

3. 化石的鉴定

对于野外采集的标本进行切制薄片、修理化石标本、剔除化石表面的小石块以及对微体化石进行专门的处理等鉴定前的准备工作完成以后，须按门类进行初步分类鉴定，并在此基础上进行居群分析，选择有代表性的居群标本进行描述、照相。最后，撰写研究报告或论文，研究工作即告完成。

将化石从围岩中成功分离或在围岩表面上可以较好观察到之后，就可以进入化石鉴定工作。

各门类化石鉴定的工作步骤一般包括：

(1) 熟悉标本外部形态和内部构造特征；

(2) 根据形态构造特征检索至目和科；

(3) 对同一科标本进一步检索到属；

（4）对同一属的标本进行种的鉴定；

（5）选择有代表性的居群标本进行特征描述，度量各种性状要素，照相、素描。

在检索鉴定过程中，考查有关古生物文献是十分重要的。确定一个种是非常严格的，必须查阅大量文献和实际材料进行详细对照。长时间以来，古生物种的鉴定一直是根据模式标本进行，但模式种又不能完全反映自然实际特征，因此逐渐采用居群的概念。在具体运用过程中，主要是难于判断生殖隔离与否，所以很多情况下更多地着重于形态上的判断。

4. 古生物研究报告的编写

编写研究报告，是对研究工作的总结，就古生物学本身而言，重要的是应遵照正确、完备的描记格式。一个古生物种的完备的描记格式包括：

（1）学名，反映新种、属所在的分类位置，表明其各级分类单位的学名。

（2）图版，以能够充分反映该种的内部、外部具有鉴别意义的特征为标准，展现不同侧面的照相图版。放大或缩小倍数须服从于研究工作的需要，以条件许可下的清晰为标准。

（3）同异名录，指所有过去已经描记过的、在特征上与当前描记的标本属于同一个种的索引编录。编录内容包括年代、当时定的学名、定名作者姓氏、发表的文献及页码、图版等。在注明图的号码时，只是注明与当前描记标本特征相同的那些图的号码，不相同的图号不必列出。

（4）对模式（居群）标本（包括正型、副型）注明标本的编号及保存处所。

（5）描记，是对一个分类单位的性状（包括不同性别的性状差异）进行完整地、系统地说明。描记一般要求依照一定的陈述顺序进行，文字要求简明，逻辑性强。一个新属、新种或其他分类新阶元命名时所作的描记，称为原始描记。原始描记是很重要的，能够便于以后的确认和鉴定。

（6）鉴别，是对某一分类阶元所特有的性状组合的简要陈述。描记种与其他种的特征直接对比，称为示差鉴别。因此，鉴别与描记之间既有联系，又有区别，鉴别是在描记基础上将那些特有的性状作简要的概括，但绝不是描记的重复。

（7）度量及数据资料讨论。

（8）产地和层位。新命名的建立，要明确指出新命名描记所依据的模式标本。新属的命名要指出模式种，即命名者认为具有典型特征并毫无疑问属于该属的某一种。新种的确立也应从保存完整的标本中挑选一个作为正型，鉴别要点所指出的各种特点，在正型标本中都应显示出来；其他次要的作为正型补充的标本，称为副型，这是模式种鉴定时采用的。居群种鉴定的正型标本则应包括个体发育不同阶段变异和性别差异的标本。如果原来命名并未指定正型，而是后来的鉴定者从原命名者所描记的标本中补选一个作为该种的模式代表，就叫作选型。所有模式标本都必须交单位或博物馆妥善保存，以备查考。

实验二　䗴类化石

（2学时，验证性）

一、实验目的和要求

1. 掌握䗴的基本构造，并能选择适当切面反映䗴的构造。
2. 学会根据䗴的构造特征鉴定䗴的属种。
3. 掌握重要化石代表的特征及时代。

二、实验方法

1. 认识：旋壁——划分科的依据；隔壁——划分属和种的依据；旋脊——划分属和种的依据；拟旋脊、副隔壁、旋圈、初房、壳形等——划分种的主要依据。
2. 观察䗴切面：轴切面，中切面，弦切面。
3. 肉眼观察手标本，显微镜下观察薄片。

三、实验内容

1. 观察薄片，并填写图2-1䗴壳基本构造名称。

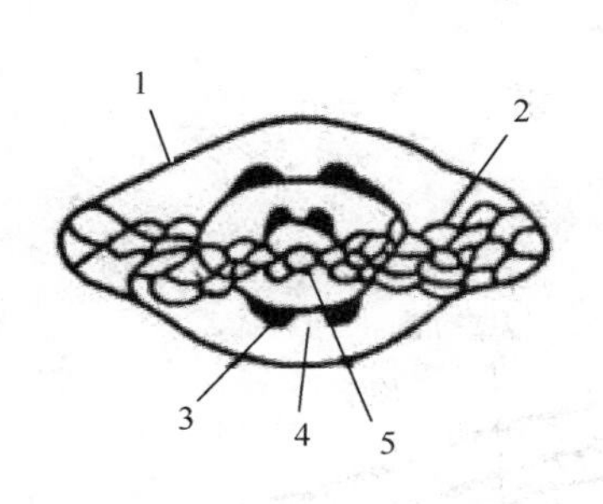

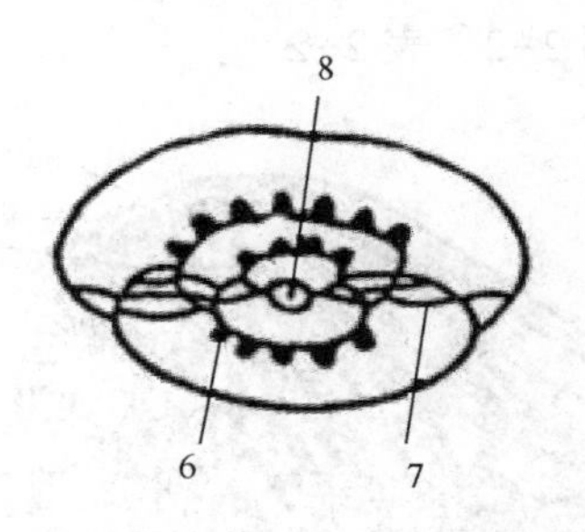

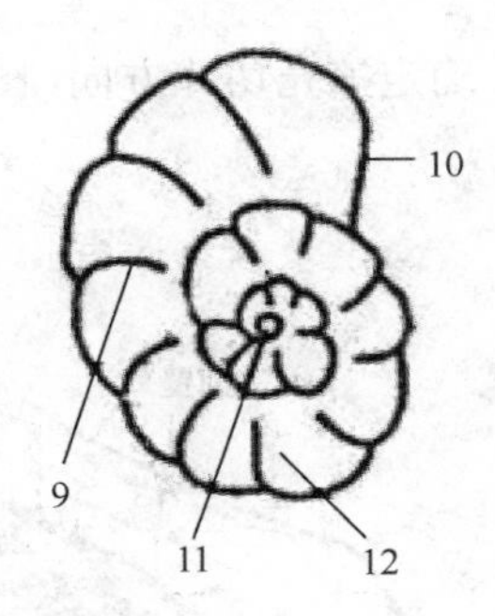

图2-1　䗴壳基本构造图

1. ________ 2. ________ 3. ________ 4. ________ 5. ________ 6. ________ 7. ________ 8. ________ 9. ________ 10. ________ 11. ________ 12. ________

2. 实验标本及观察要点(表2-1)。

表2-1　䗴类化石实验标本及观察要点

实习标本	观察要点						
	大小、形状	初房	旋壁	隔壁	旋脊	拟旋脊	副隔壁
1. *Ozawainella*	Δ	●	Δ	●	Δ		
2. *Pseudostaffella*	Δ	●	●	●	Δ		

续表

实习标本	观察要点						
	大小、形状	初房	旋壁	隔壁	旋脊	拟旋脊	副隔壁
3. *Nankinella*	Δ	●	●	●	Δ		
4. *Schubertella*	Δ	●	●	Δ	Δ		
5. *Codonofusiella*	Δ	●	●	Δ	●		
6. *Palaeofusulina*	Δ	Δ	Δ	Δ			
7. *Fusulinella*	Δ	●	Δ	Δ	●		
8. *Triticites*	Δ	●	Δ	Δ	●		
9. *Schwagerina*	Δ	●	Δ	Δ	Δ		
10. *Pseudoschwagerina*	Δ	●	Δ	●	Δ		
11. *Verbeekina*	Δ	●	Δ	●		Δ	
12. *Neomisellina*	Δ	●	Δ	●		Δ	
13. *Pseudodoliolina*	Δ	●	Δ	●		Δ	
14. *Neosehwagerina*	Δ	●	Δ	●		Δ	Δ
15. *Yabeina*	Δ	●	Δ	●		Δ	Δ

注：Δ—关键鉴定特征；●—主要鉴定特征。

四、实验方法指导

1. 确定蜓壳切片方向(图 2-2，表 2-2)。

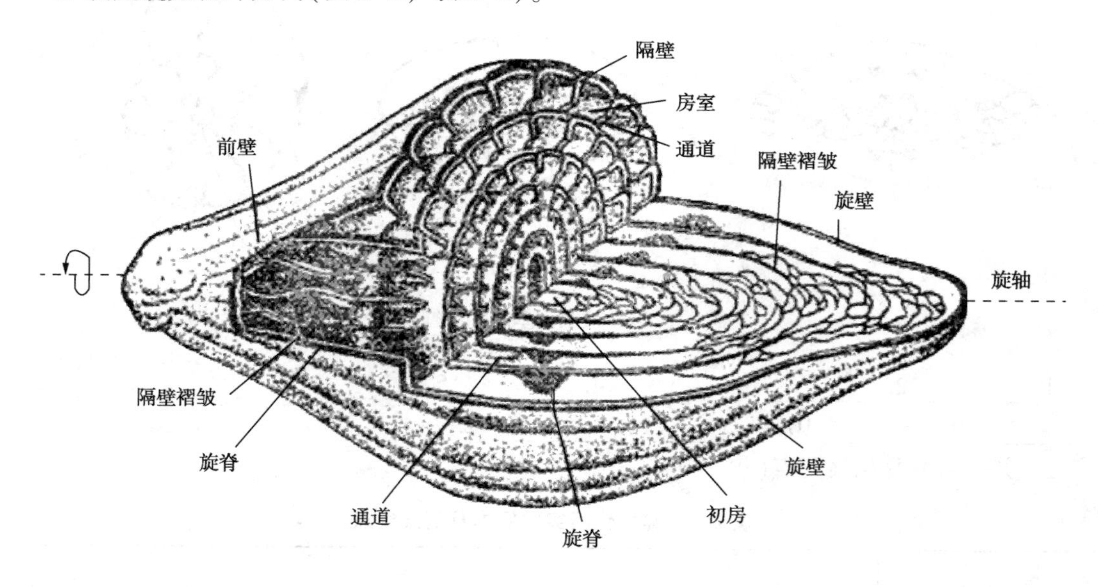

图 2-2　蜓壳构造模式

表 2-2　䗴壳几种主要切面及观察内容

图示	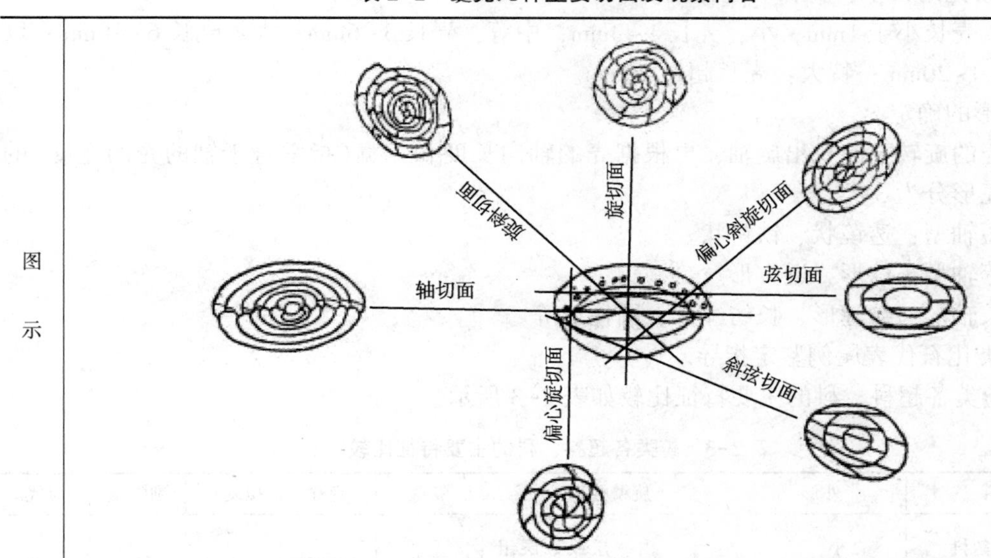		
切面	轴切面	中切面	弦切面
特点	平行于中轴，通过初房，初房大都居中，两侧对称；中轴两级互相包裹	垂直于中轴，通过初房；大都呈圆形，由内向外，依次作螺旋状扩卷	平行于中轴，但不通过初房，切及外部几个壳圈呈同心椭圆状
观察内容	1. 壳形； 2. 初房(形态、大小)； 3. 旋壁(分层)； 4. 隔壁(形态)； 5. 旋脊或拟旋脊； 6. 旋向副隔壁(长短和密集程度)； 7. 轴积、口孔、列孔； 8. 壳圈(排列和数目)	1. 初房(形状、大小)； 2. 旋壁(分层)； 3. 隔壁(密集程度)； 4. 轴向副隔壁(长短)； 5. 壳圈(排列方式和数目)； 6. 房室(数目)	1. 旋壁(分层)； 2. 隔壁(形态)； 3. 轴向副隔壁和旋向副隔壁的交错现象等； 4. 口孔、列孔、复通道
备注	以上3种切面为䗴的主要切面； 在鉴定工作中，一般以轴切面为主，中切面与弦切面为辅； 其他切面极少选用		

(1) 轴切面：通过轴和初房，这是研究䗴类最主要的切面，壳形、大小以及一些主要构造都能在其中得到直接观察，一般构造比较简单的较原始的䗴类，只需此切面就可进行准确地属种鉴定，因此该切面是䗴类研究不可缺少的。

(2) 旋切面(中切面)：该切面通过初房垂直轴，是䗴类鉴定的一种辅助切面。在该切面上可观察每一壳圈的隔壁数及其间距、旋圈旋卷的松紧、特殊形态的观察(如喇叭形)、旋圈数等。

(3) 弦切面：平行轴但不通过初房的切面，该切面主要用以观察旋向沟。

这些切面可以通过观察旋壁的不同包卷形态进行确定。轴切面的旋壁是上半旋壁两端包下半旋壁；弦切面的旋壁形成封闭的圆或椭圆；旋切面的旋壁则由里到外相连贯穿；其他方向的切面，都叫斜切面或偏轴切面。

2. 观察壳的大小，壳长确定方法。

微小：壳长小于1mm；小：壳长1~3mm；中等：壳长3~6mm；大：壳长6~10mm；巨大：壳长10~20mm；特大：壳长超过20mm。

3. 壳形的确定。

根据壳的旋转方向找出旋轴，再根据壳的轴向长度和壳宽(指垂直于轴的壳的宽度)的比例可将壳形分为3类：

(1) 短轴型：透镜状、铁饼状。

(2) 等轴型：球形、近方形。

(3) 长轴形：纺锤形、长纺锤形、圆柱形等。

4. 䗴类化石代表属例鉴定指导。

(1) 䗴类各超科、科的主要特征比较如表2-3所示。

表2-3 䗴类各超科、科的主要特征比较

超科	科	外形	旋壁构造		隔壁	旋脊	拟旋脊	副隔壁	时代
纺锤䗴超科	小泽䗴科(Ozawainellidae)	壳小，盘形、凸镜形或球形	无蜂巢层	由一层或数层组成，个别具透明层	平直	发育	无	无	C~P
	苏伯特䗴科(Schubertellidae)	壳小，粗纺锤形至纺锤形		由致密层和内、外疏松层3层或致密层和透明层2层组成	平直或褶皱	发育或无	无	无	C_2~P
	纺锤䗴科(Fusulinidae)	壳小到中等；粗纺锤形，纺锤形		由致密层、透明层和内、外疏松层4层组成，或不具有透明层	平直或褶皱	一般较发育	无	无	C_2~C_3
	希瓦格䗴科(Schwagerinidae)	壳小到大，纺锤形至长纺锤形	具蜂巢层	由致密层及蜂巢层2层组成	褶皱	有或无	无	无	C_3~P
费伯克䗴超科	费伯克䗴科(Verbeekinidae)	壳小到大，球形、桶形		由致密层、蜂巢层和内疏松层3层组成	平直	无	发育，不很完善	无	P_1
	新希瓦格䗴科(Neoshwagerinidae)	壳大，形状不规则		由致密层及蜂巢层组成，蜂巢层下延形成副隔壁	平直	无	发育	有	P_1

(2) 䗴类化石代表属例鉴定指导(图2-3)。

Ozawainella(小泽䗴)，壳小，透镜形，壳缘尖锐。旋壁由致密层及内、外疏松层组成。隔壁多而平直，旋脊发育，延至旋轴两端。发育于晚石炭世至二叠纪。

Pseudostaffella(假史塔夫䗴)，壳微小到小，椭圆形或近球形，壳缘宽圆或平。旋壁由致密层及内、外疏松层组成，有时可见极薄的透明层。旋脊非常发育，常延伸到两极，隔壁平。发育于晚石炭世。

Palaeofusulina(古纺缍䗴)，壳小，粗纺缍形，中部膨大，两端钝圆，包旋较松。旋壁薄，由致密层及透明层组成。隔壁强烈褶皱，无旋脊。发育于晚二叠世。

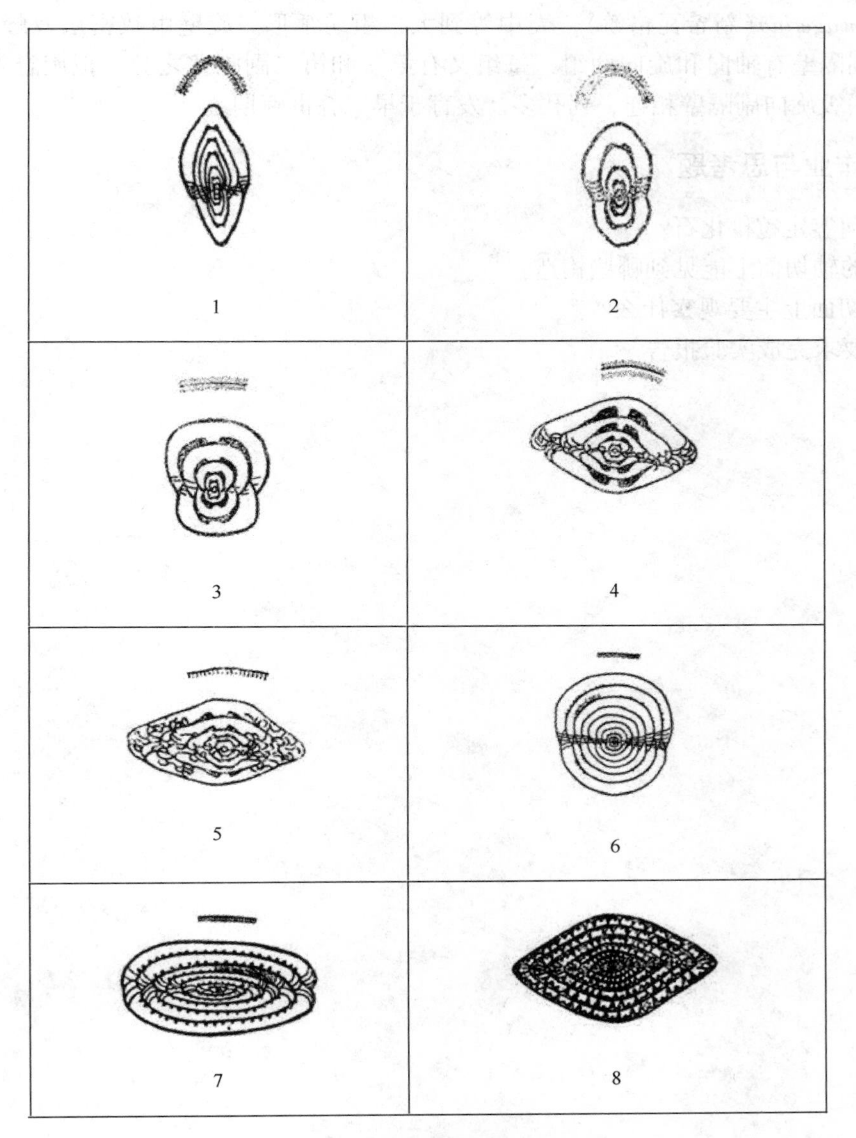

图 2-3 䗴类典型化石属例

1—*Ozawainella*(小泽䗴)；2—*Eostaffella*(始史塔夫䗴)；3—*Pseudostaffella*(假史塔夫䗴)；4—*Fusulinella*(小纺锤䗴)；5—*Triticites*(麦䗴)；6—*Verbeekina*(费伯克䗴)；7—*Neomisellina*(新米斯䗴)；8—*Neoschwagerina*(新希瓦格䗴)

Fusulinella(小纺锤䗴)，壳小至中等，纺锤形。旋壁由致密层、透明层及内、外疏松层4层组成。隔壁两端褶皱，旋脊发育。发育于晚石炭世。

Fusulina(纺锤䗴)，壳小到大，纺锤形至长纺锤形。旋壁由致密层、透明层及内、外疏松层组成。隔壁褶皱强烈，旋脊较小。发育于晚石炭世。

Schwagerina(希瓦格䗴)，壳小到大，纺锤形、长纺锤形或圆柱形。旋壁由致密层和蜂巢层组成。隔壁褶皱强烈而不规则，旋脊无或仅见于最内圈。

Verbeekina(费伯克䗴)，壳中等到巨大，球形或近球形。壳圈包卷均匀。旋壁由致密层、细蜂巢层及薄的内疏松层组成。隔壁平，拟旋脊见于内部及外部旋圈，具列孔。

Neoschwagerina(新希瓦格䗴)，壳中等到大，粗纺缍形。旋壁由致密层及蜂巢层组成。隔壁平，副隔壁有轴向和旋向两组，每组又有第一和第二副隔壁之分。拟旋脊发育，低而宽，常与一级旋向副隔壁相连，列孔多。发育于早二叠世晚期。

五、作业与思考题

1. 如何鉴定䗴科化石？
2. 䗴的轴切面上能见到哪些构造？
3. 中切面上主要观察什么？
4. 按要求完成实验报告。

实验三　珊瑚动物

(2 学时，验证性)

一、预习内容

1. 重点预习四射珊瑚亚纲硬体基本构造，以及各种构造在纵切面和横切面上的表现特点。

2. 了解横板珊瑚的一般特征及基本构造。

3. 填写图 3-1 四射珊瑚构造名称。

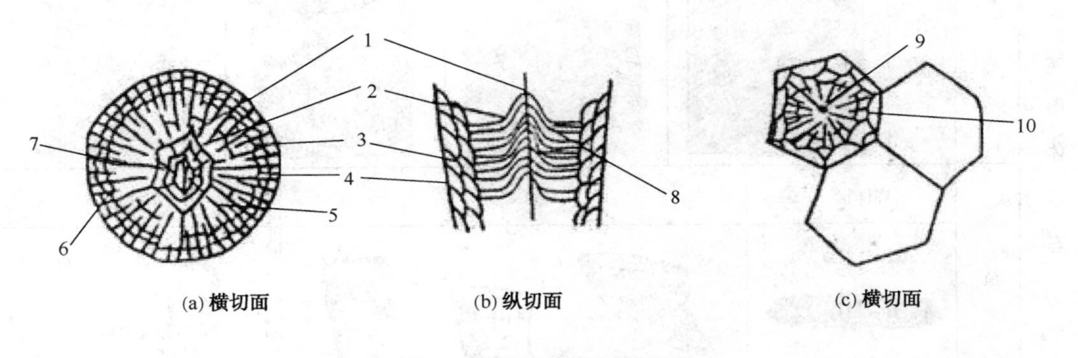

图 3-1　四射珊瑚构造填图

1. ________ 2. ________ 3. ________ 4. ________ 5. ________ 6. ________ 7. ________
8. ________ 9. ________ 10. ________

二、实验目的和要求

1. 通过实验掌握四射珊瑚的主要构造特征。

2. 了解横板珊瑚的一般特征及基本构造。

3. 掌握四射珊瑚和横板珊瑚一定数量的化石代表。

三、观察内容和方法

1. 四射珊瑚的观察。

(1) 外形观察(表 3-1)。

① 单体形状：

锥状、柱状、盘状、拖鞋状。

② 复体形状：

a. 块状复体：个体彼此紧密接触，个体间无空隙。又可分为多角状(个体断面多角形，体壁完整)，多角星射状(与多角状相似，但体壁局部消失)，互通状(个体体壁全部消失，相邻个体的长隔壁彼此相通)，以及互嵌状(个体体壁消失，彼此以泡沫板接触)4 种类型。

b. 丛状复体：个体间互不接触，包括枝状（个体向不同方向生长）和笙状（个体间近于平行排列）。

表 3-1　四射珊瑚单体复体形态

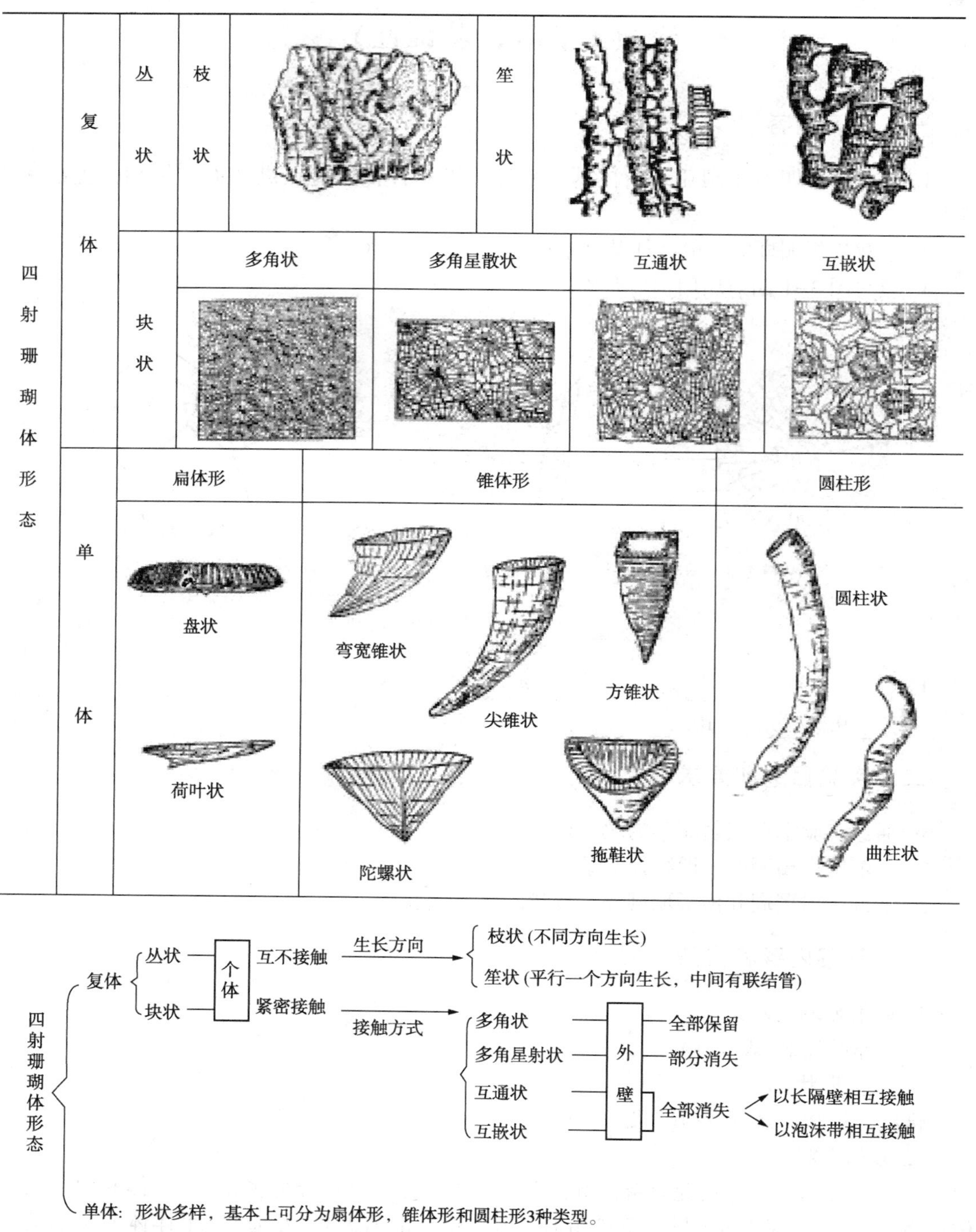

(2) 观察内部构造。

研究时一般需有两个切面(横切面和纵切面)。四射珊瑚骨骼构造大致可归纳为 4 个系列：

① 纵列构造——隔壁(一级和二级隔壁)，在横切面观察。

② 横列构造——横板，主要在纵切面观察。

③ 边缘构造——鳞板(限于隔壁之间)，泡沫板(在个体边缘，切穿隔壁，大小多不均一)。多在横切面观察，有时以纵切面作参考。

④ 轴部构造——中轴(中央的实心轴)，中柱(个体中央蛛网状构造，由辐板、中板和内斜板组成)。以横切面观察为主，有时以纵切面作参考。

(3) 确定带型。

在系统观察了四射珊瑚骨骼的内部构造后，还需判断其构造组合类型——带型，实际是纵列构造、横列构造、边缘构造和轴部构造的组合关系(表 3-2)。

表 3-2　四射珊瑚构造组合类型(带型图)及地史分布

图示	1 单带型	2 双带型	3 三带型	4 泡沫型

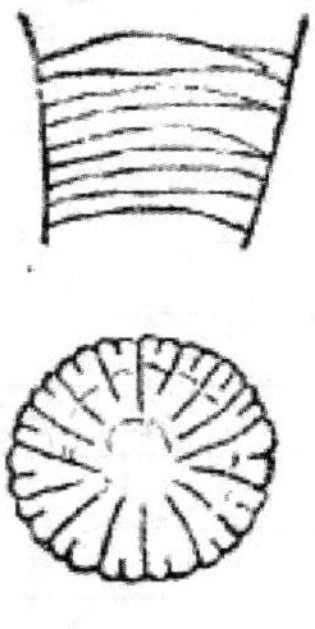

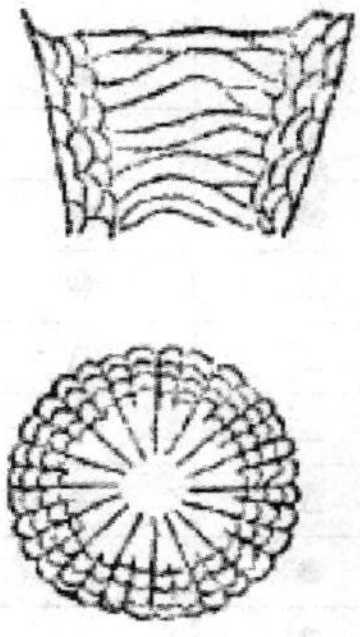

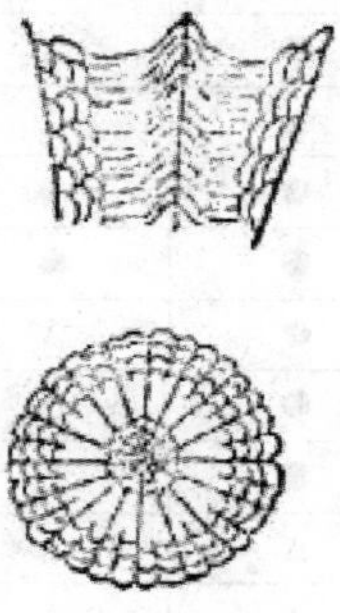

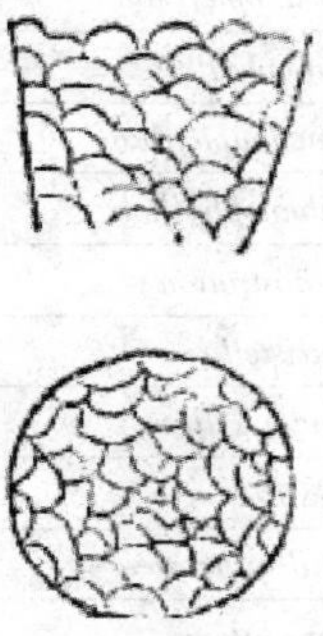

带　型	构造组合	地史分布
单带型	隔壁 + 横板	O_2 —(O，S)→ P
双带型	隔壁 + 横板 + 鳞板/泡沫型	S —(S，D)→ P
三带型	隔壁 + 横板 + 鳞板/泡沫型 + 中柱/中轴	D —(C，P)→ P
泡沫型	隔壁 + 泡沫型	O_2 —(S，D)→ D_2
备注	(1) 个别双带型构造组合为：隔壁+横板+中轴，如顶柱珊瑚（*Lophophyllidium*)； (2) 地史分布中O，S；S，D；C，P均为主要繁盛时期	

2. 横板珊瑚：需从横切面和纵切面观察其构造。

(1) 要注意外部形态(块状、丛状)和个体断面。

(2) 联结构造的有无及类型：联结孔、联结管、联结板等。

(3) 横板特征：平直、相互交错的、漏斗状等。

（4）隔壁、泡沫板等。

四、实验内容及观察要点指导

1. 四射珊瑚实验标本及观察要点如表 3–3 所示。

表 3–3　四射珊瑚实验标本及观察要点简表

实习标本	观察要点						
	外形	内部基本构造					
		隔壁	横板	鳞板	泡沫板	轴部	带型
1. *Streptelasama*	●	Δ	●	Δ			Δ
2. *Tachylasma*	●	Δ	●	Δ		Δ	Δ
3. *Lophophyllidium*	●	Δ	●				Δ
4. *Caninia*	●	Δ	●	●			●
5. *Cystophrentis*	●	Δ	Δ		Δ		●
6. *Pseudouralinia*	Δ	Δ	●		Δ		●
7. *Thysanophyllum*	●	●	Δ		Δ	Δ	Δ
8. *Yuanophyllum*	●	Δ	Δ	●			●
9. *Kueichouphyllum*	Δ	Δ	Δ	●			Δ
10. *Dibunophyllum*	●	●	●	●		Δ	Δ
11. *Lithostrotion*	●	●	Δ	●		Δ	Δ
12. *Favistella*	●	Δ	Δ	Δ			●
13. *Endophyllum*	●	Δ	Δ				Δ
14. *Hexagonaria*	●	Δ	Δ	●			●
15. *Phillipsastraea*	Δ	Δ	●				●
16. *Lonsdaleia*	Δ	Δ	●		Δ	Δ	●
17. *Liangshanophllum*	Δ	●	Δ	Δ		Δ	Δ
18. *Cystiphyllum*	●	Δ	Δ				Δ
19. *Calceola*	Δ	Δ					●

注：Δ—关键鉴定特征；●—主要鉴定特征。

2. 横板珊瑚实验标本及观察要点如表 3–4 所示。

表 3–4　横板珊瑚实验标本及观察要点简表

实习标本	观察要点				
	外部形态	隔壁	横板	泡沫板	联结构造
1. *Chaetetes*	Δ	Δ	Δ		
2. *Favosites*	Δ	●	●		Δ
3. *Michelinia*	Δ	●	Δ	●	Δ
4. *Thamnopora*	Δ	●	Δ		Δ
5. *Syringopora*	Δ	●	Δ		Δ
6. *Hayasakaia*	Δ		Δ	Δ	Δ
7. *Heliolites*	Δ	Δ	●		Δ
8. *Halysites*	Δ	●	●		Δ

注：Δ—关键鉴定特征；●—主要鉴定特征。

五、典型化石代表属例鉴定指导

珊瑚典型化石代表属例如图 3-2 所示。

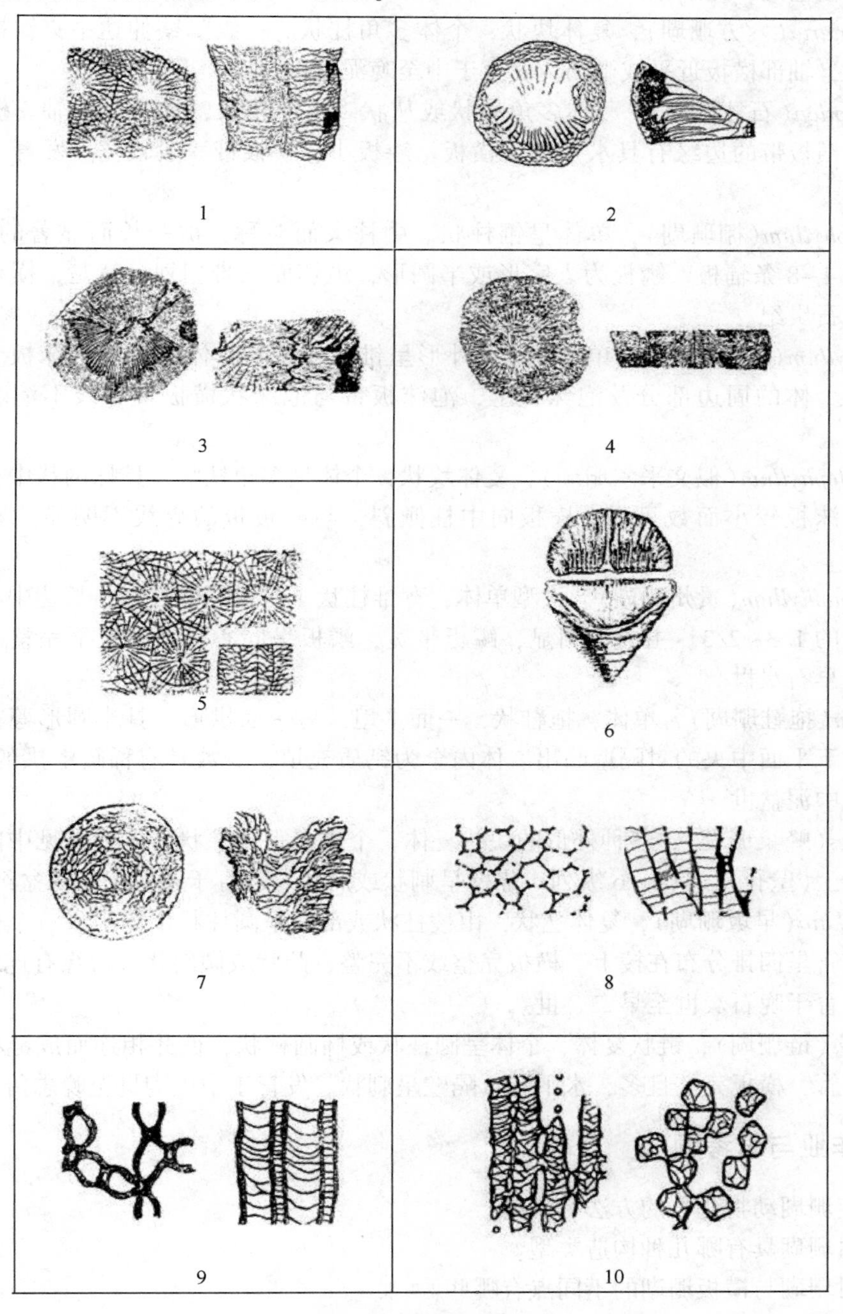

图 3-2 珊瑚典型化石属例

1—*Hexagonaria*（六方珊瑚）；2—*Pseudouralinia*（假乌拉珊瑚）；3—*Kueichouphyllum*（贵州珊瑚）；4—*Dibunophyllum*（棚珊瑚）；5—*Lithostrotion*（石柱珊瑚）；6—*Calceola*（拖鞋珊瑚）；7—*Cystiphyllum*（泡沫珊瑚）；8—*Favosites*（蜂巢珊瑚）；9—*Halysites*（链珊瑚）；10—*Hayasakaia*（早坂珊瑚）

Tachylasma（速壁珊瑚），小型阔锥状单体，隔壁作四分羽状排列，对部隔壁较主部多。两个侧隔壁和两个对侧隔壁在内端特别加厚，形成棍棒状。主隔壁萎缩，主内沟明显。二级隔壁短，横板上凸，无鳞板。

Hexagonaria（六方珊瑚），复体块状，个体多角柱状。一级隔壁伸达中央，横板分化为轴部与边部，轴部横板近平或微凸。发育于中至晚泥盆世。

Lithostrotion（石柱珊瑚），复体多角块状或丛状。隔壁较长，具明显中轴。横板呈帐蓬状，有的在横板带的边缘有具水平的小横板。鳞板小，鳞板带一般较宽。发育于早至晚石炭世。

Dibunophyllum（棚珊瑚），单体呈锥柱状。中柱大而对称，被一长而显著的中板平分，中板两侧有4~8条辐板。鳞板为人字形或半圆形，纵切面三带型划分清楚，横板上凸或近平。发育于石炭纪。

Cystiphyllum（泡沫珊瑚），单体珊瑚，外形呈锥状或柱状，体内充满泡沫板。隔壁短刺状，发育于个体的周边部分及泡沫板上，泡沫板带与泡沫状横板带界线不清。发育于志留纪。

Wentzellophyllum（似文采尔珊瑚），复体块状，个体呈多角柱状，具蛛网状中柱。边缘泡沫带宽，泡沫板较小而数目多。横板向中柱倾斜，与鳞板带的界线不明显。发育于早二叠世。

Kueichouphyllum（贵州珊瑚），大型单体，弯锥柱状。一级隔壁数多，长达中心；二级隔壁长为一级的1/3~2/3。主内沟明显，鳞板带宽，鳞板呈同心状。横板不完整，向轴部升起。发育于早石炭世。

Calceola（拖鞋珊瑚），单体，拖鞋状，一面平坦，另一面拱形，具半圆形萼盖。隔壁为短脊状，位于平面中央的对隔壁凸出。体内全为钙质充填，少数具有稀疏上拱的泡沫鳞板。发育于早至中泥盆世。

Favosites（蜂巢珊瑚），各种外形的块状复体。个体多呈角柱状，体壁常见中间缝。联结孔分布在壁上（壁孔），具1~6纵列。隔壁呈刺状或瘤状。发育于志留纪至泥盆纪。

Hayasakaia（早坂珊瑚），复体丛状，由棱柱状或部份呈圆柱状个体组成。个体由联结管相联，联结管呈四排分布在棱上。横板完整或不完整，凸状或倾斜状。边缘有连续或断续的泡沫带。发育于晚石炭世至早二叠世。

Halysites（链珊瑚），链状复体，个体呈圆柱状或椭圆柱状，彼此相连而成链状。个体间发育有中间管，横板完整且多，水平状。隔壁呈刺状。发育于中奥陶世至晚志留世。

六、作业与思考题

1. 鉴定珊瑚动物化石的方法有哪些？
2. 四射珊瑚具有哪几种构造类型？
3. 四射珊瑚与横板珊瑚的不同点有哪些？
4. 按要求完成实验报告。

实验四　软体动物

（2 学时，验证性）

一、预习内容

双壳纲、腹足纲、头足纲的基本构造，并填写图 4-1 的构造名称。

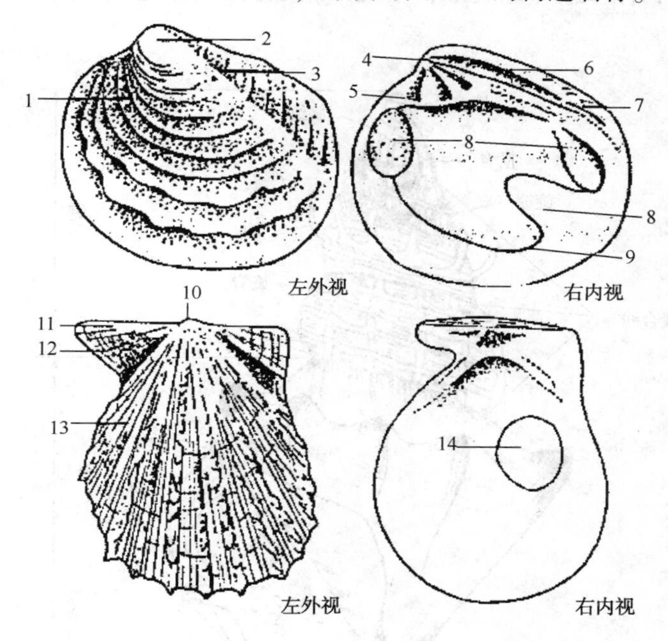

图 4-1　双壳纲构造填图

1. ________ 2. ________ 3. ________ 4. ________ 5. ________ 6. ________ 7. ________
8. ________ 9. ________ 10. ________ 11. ________ 12. ________ 13. ________ 14. ________

二、实验目的和要求

1. 掌握软体动物的基本构造。
2. 学会鉴定软体动物的基本方法。
3. 掌握双壳纲、腹足纲、头足纲的重要化石代表。

三、观察内容和方法

1. 双壳纲的鉴定方法。

（1）壳的定向：壳前、后方向的鉴别；左、右两壳的鉴别。

（2）基本构造识别。

外部构造：壳形、壳饰、铰合部、基面、耳、顶脊线等。

内部构造：铰合构造、牙系(齿的位置、排列方式、数目、主齿和侧齿的区别、主齿强弱等)、肌肉痕、外套线。

(3) 鉴定要点。

首先与腕足动物相区别，其次确定化石保存类型，再进行壳的定向，最后仔细观察基本构造，确定属种名称。

2. 腹足纲的鉴定方法。

(1) 螺壳的定向：鉴定左旋或右旋。

(2) 基本构造识别：壳形(螺旋形，不旋形)，壳饰，螺壳环，接合线，壳塔，壳轴和脐(图 4-2)。

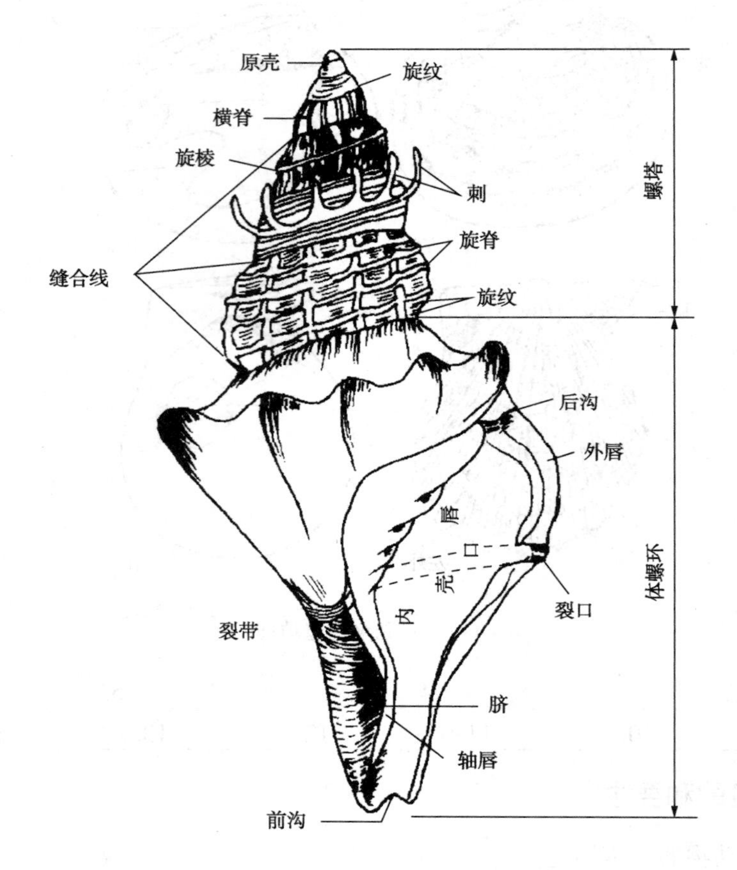

图 4-2　腹足类基本构造及定向综合示意图

3. 头足纲的鉴定方法。

通过构造模型和标本观察，掌握头足纲的基本构造，尤其要注意鹦鹉螺亚纲的体管形态，以及菊石亚纲缝合线的各种类型。

(1) 基本构造识别(图 4-3，表 4-1)。

① 外部构造：壳形，壳饰。

② 内部构造：体管，缝合线。

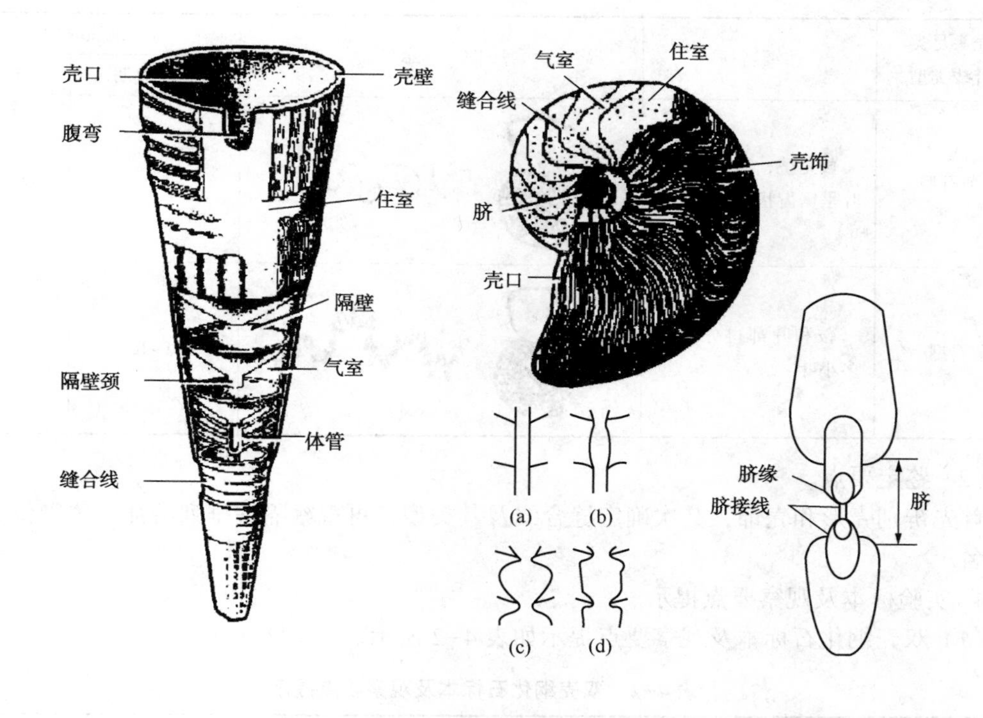

图 4-3　头足类基本构造

表 4-1　头足类缝合线类型

外壳头足类缝合线类型	主要特征	图　示	地质时代	
			繁盛时期	时限
鹦鹉螺式	缝合线为平直或平缓的波状，无明显的鞍、叶之分		S~D	ϵ_3~Rec.
无棱菊石型	具腹叶、鞍、叶完整，数目少，均呈宽的浑圆状		D	D
棱菊石型	鞍、叶完整，数目较多，常呈尖棱状		C~P	Pz~T

续表

外壳头足类缝合线类型	主要特征	图　示	地质时代	
			繁盛时期	时限
齿菊石型	鞍完整，通常浑圆，叶呈锯齿状		T	$C_1 \sim K$
菊石型	鞍和叶都再分出许多小叶		J ~ K	$C_1 \sim K$

（2）鉴定要点。

首先辨别壳形和壳饰，其次确定缝合线及其类型，再观察隔壁排列特征、体管位置，最后定名。

4. 实验标本及观察要点提示。

（1）双壳纲化石标本及观察要点提示如表 4-2 所示。

表 4-2　双壳纲化石标本及观察要点提示

实习标本	观察要点					
	定向	壳形态	壳饰	喙	耳	壳顶脊
1. *Modiomorpha*	Δ	●	Δ	●		Δ
2. *Pseudocardinia*	Δ	Δ	●	●		●
3. *Ferganoconena*	Δ	●	●	Δ		Δ
4. *Lamprotula*	Δ	Δ	Δ	●		●
5. *Claraia*	Δ	Δ	Δ	●	Δ	
6. *Ostrea*	Δ	Δ	Δ	●		●
7. *Burmesia*	●	Δ	Δ	●		●

注：1. *Clararia* 为我国早三叠世海相地层的重要标准化石属；2. *Burmesia* 为我国华南晚三叠世特提斯海区的重要代表属；3. Δ—关键鉴定特征；4. ●—主要鉴定特征。

（2）头足纲化石标本及观察要点提示如表 4-3 所示。

表 4-3　头足纲化石标本及观察要点提示

实习标本	观察要点					
	壳形态	壳面装饰	缝合线	隔壁颈	体管	脐
1. *Protocycloceras*	●	Δ	●	Δ	Δ	
2. *Sinoceras*	●	Δ	●	Δ	Δ	
3. *Armenoceras*	Δ	●	●	Δ	Δ	
4. *Goniates*	Δ	Δ	Δ			●
5. *Pseudotirolites*	Δ	Δ	Δ			●
6. *Ophiceras*	Δ	Δ	Δ			●

注：1. *Pseudotirolites* 为我国华南上二叠统大隆组重要的代表属；2. *Sinoceras* 为我国华北中奥陶世常见的重要标准化石；3. Δ—关键鉴定特征；4. ●—主要鉴定特征。

（3）腹足纲化石标本及观察要点提示如表4-4所示。

表4-4　腹足纲化石标本及观察要点提示

实习标本	观察要点						
	壳形/螺塔	壳口	壳饰	体螺环	缝合线	裂口/裂带	化石保存类型
1. *Bellerophon*	Δ	●	Δ			Δ	●
2. *Hormotoma*	Δ	Δ	●	●	Δ	●	Δ
3. *Ecculiomphalus*	Δ	●	Δ		●		Δ

注：Δ—关键鉴定特征；●—主要鉴定特征。

四、典型化石代表属例鉴定指导

软体动物典型化石代表属例如图4-4所示。

Ophileta(蛇卷螺)，壳锥形或低锥形，由5~8个缓慢增长的螺环组成，螺环周缘角状。外唇缺口窄，脐孔宽大，壳面有生长线。海生。发育于奥陶纪。

Hormotoma(链房螺)，螺塔高，螺环多，切面凸圆，缝合线内凹。壳口窄，椭圆形，缺凹宽，裂带位于轴环中或下部。壳面具生长线。发育于奥陶纪至志留纪。

Ecculiomphalus(松旋螺)，盘形，末圈松旋，螺环少，上壁与外壁构成高而狭的旋棱，下壁圆凸。具生长线，在旋棱处形成缺凹。发育于奥陶纪至志留纪。

Palaeonucula(古粟蛤)，壳小，后缘不延伸，前部长，后部短，喙后转，具两列栉齿及喙下弹体窝。内腹边缘光滑，无外套湾，壳面具生长线。发育于三叠纪至现代。

Claraia(克氏蛤)，壳圆或卵圆形，左壳凸，右壳平，喙位前方，铰缘直而短于壳长，前耳小，足丝凹口明显，后耳较大，与壳体逐渐过渡，具同心线或放射线。发育于早三叠世。

Anadara(粗饰蚶)，斜四边形，具宽的基面，其上有人形槽。铰缘直，短于壳长。沿铰缘一排栉齿，两侧齿微曲，内腹边缘锯齿状，无外套湾。壳面具粗射脊，其上常有同心沟纹。发育于白垩纪至现代。

Myophoria(褶翅蛤)，壳近三角形，铰缘短，具后壳顶脊。喙前转，壳面光滑或具放射脊，齿系为裂齿型。发育于三叠纪。

Unio(蛛蚌)，壳呈卵形至长卵形，较大而厚，内壳层为珍珠层，有后壳顶脊，壳面除生长线外，常具同心状或W形的壳顶饰。为典型的假主齿型。发育于晚三叠世至现代。

Lamprotula(丽蚌)，壳呈较大且厚，圆三角形至长卵形。喙近前端，壳面具粗生长线(层)，还有V形或W形的顶饰，并向后变为瘤状。齿式与Unio的相同，但假主齿更为粗壮。发育于中侏罗世至现代。

Corbicula(蓝蚬)，壳卵圆形，壳顶高突，表面具有生长线。每个壳上有3个主齿，右壳前后各有2枚侧齿，左壳前后各1枚侧齿，侧齿上有细纹。发育于白垩纪至现代。

Aviculopecten(燕海扇)，扇形，左壳略凸于右壳，足丝凹口明显，前后耳凹都较明显。两个壳上具一狭韧带区及壳内中间弹回体。单柱，壳面具放射脊。发育于石炭纪至二叠纪。

Eumorphotis(正海扇)，与燕海扇相似，所不同之处是本属前耳小、后耳大，前耳凹深，后耳与壳逐渐过渡。发育于早三叠纪。

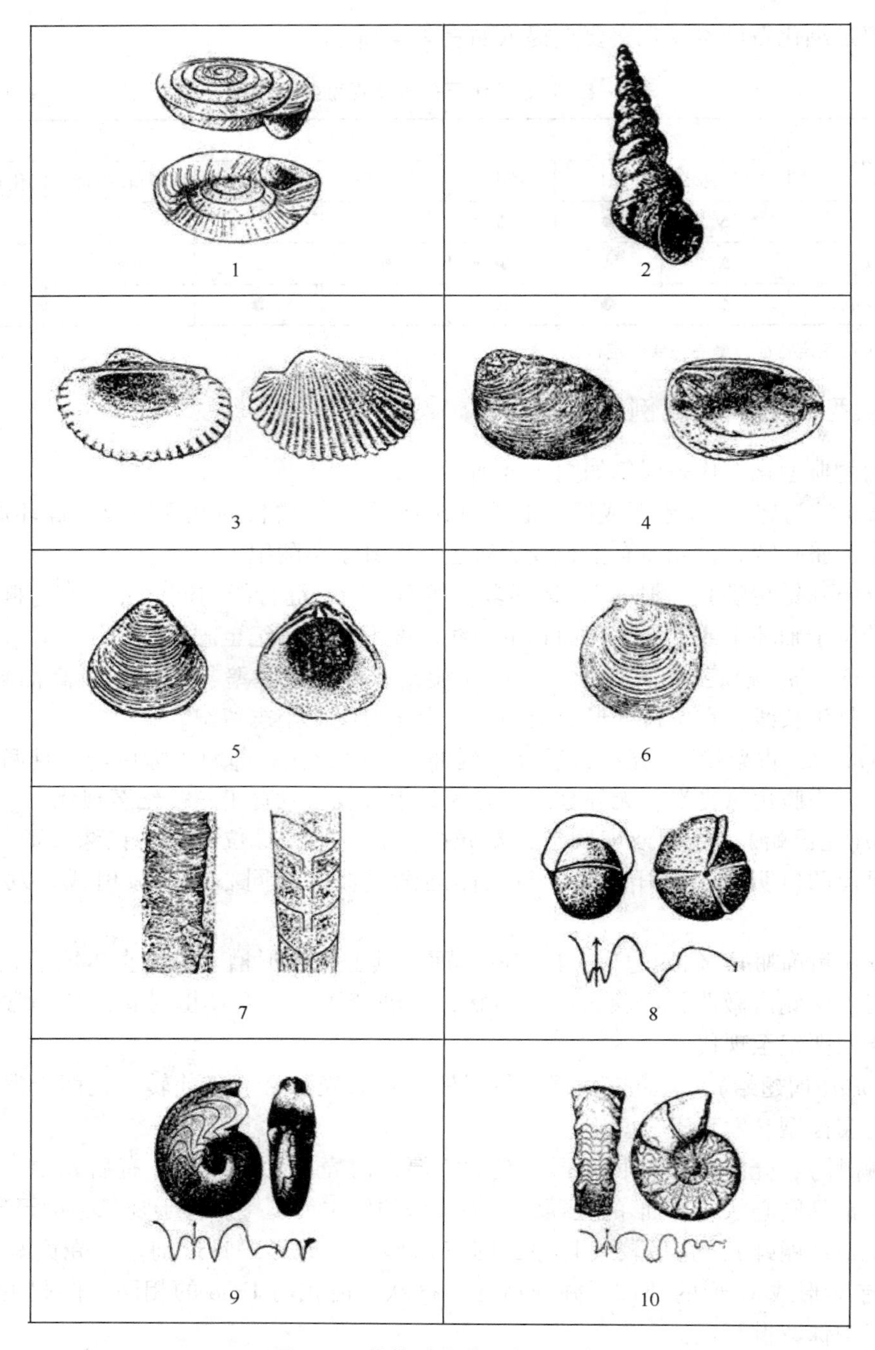

图 4-4 软体动物典型化石属例

1—*Ophileta*(蛇卷螺)；2—*Hormotoma*(链房螺)；3—*Anadara*(粗饰蚶)；4—*Lamprotula*(丽蚌)；5—*Corbicula*(兰蚬)；6—*Claraia*(克氏蛤)；7—*Sinoceras*(震旦角石)；8—*Goniatites*(棱菊石)；9—*Manticoceras*(尖棱菊石)；10—*Ceratites*(齿菊石)

Ostrea(牡蛎)，壳厚，因固着生活而成显著不等壳，形态也不规则。左壳(下)凸，右壳(上壳)平。韧带区窄。单柱，位于中部偏后，无齿，无外套湾。发育于白垩纪至现代。

Protocycloceras(前环角石)，壳直或微弯。横切面圆至椭圆形。壳面饰有横环，环及环间有细的横纹。体管中等大小，不在中央。隔壁颈短而直，连接环甚厚。发育于早奥陶世。

Armenoceras(阿门角石)，壳直，横切面卵形，隔壁较密。隔壁颈极短而外弯，常与隔壁接触或成小的锐角。体管大，呈扁串珠形，环节珠发育，有时可看到内体管及放射管。发育于中奥陶世至晚志留世。

Sinoceras(震旦角石)，壳直锥形，壳面有显著的波状横纹。体管细小，位于中央或微偏，隔壁颈较长，约为气室深度之半。发育于中奥陶世。

Discoceras(盘角石)，外壳为盘状，约有5个相接触的旋环，旋环横切面近方形。体管近背面，隔壁颈直，壳面饰有横肋。缝合线直或略弯，弯曲方向与横肋方向相反。发育于奥陶纪。

Manticoceras(尖棱菊石)，壳半外卷至内卷，呈扁饼状。腹部由穹圆状到尖棱状。表面饰有弓形的生长线纹。缝合线由一个宽的三分的腹叶、一对侧叶、一对内侧叶及一个V形的背叶组成。发育于晚泥盆世。

Alludoceras(阿尔图菊石)，半外卷至半内卷，盘状。脐较大。壳面饰以纵旋纹和不明显的横纹，至腹部向后弯曲形成腹弯。内旋环具瘤。缝合线的腹叶不很宽，侧叶宽而尖，脐叶呈漏斗状。发育于二叠纪。

Pseudotirolites(假提罗菊石)，壳外卷，盘状。腹部呈屋脊状或穹形，具明显的腹中棱。内部旋环侧面饰有小瘤。外部旋环侧面发育丁字形肋或横肋，具腹侧瘤。具齿菊石型缝合线，每侧具有两个齿状的侧叶，腹叶二分不呈齿状。发育于晚二叠世。

Ceratites(齿菊石)，外卷至半外卷，厚盘状。腹平或呈浑圆形，旋环横断面近方形。壳面饰有粗横肋，在腹侧常结为瘤状。具典型的齿菊石型缝合线，腹叶宽浅，侧叶带小齿，鞍部圆。发育于中三叠世。

Protrachyceras(前粗菊石)，半外卷至半内卷，呈扁饼状。腹部具腹沟，沟旁各有一排瘤。壳表具有许多横肋，每一肋上附有排列规则的瘤，横肋常分叉或插入。缝合线为亚菊石式，鞍部也发生微弱的褶皱。发育于中至晚三叠世。

Baculites(杆菊石)，幼年时旋卷，但很快变为直立杆状。旋环横断面呈椭圆形。壳表光滑或具平行口部的细纹。缝合线为菊石型，鞍、叶均二分。发育于晚白垩世。

五、作业与思考题

1. 瓣鳃纲有哪些基本构造?
2. 简述腕足动物与双壳类的异同点。
3. 头足纲有哪些基本构造?
4. 简述头足纲体管类型及其特征。
5. 菊石缝合线的演变对确定地层时代有何作用?
6. 按要求完成实验报告。

实验五　节肢动物

（2学时，验证性）

一、预习内容

1. 三叶虫背甲构造，以头甲和尾甲构造为重点。
2. 完成图 5-1 所示三叶虫构造填图。

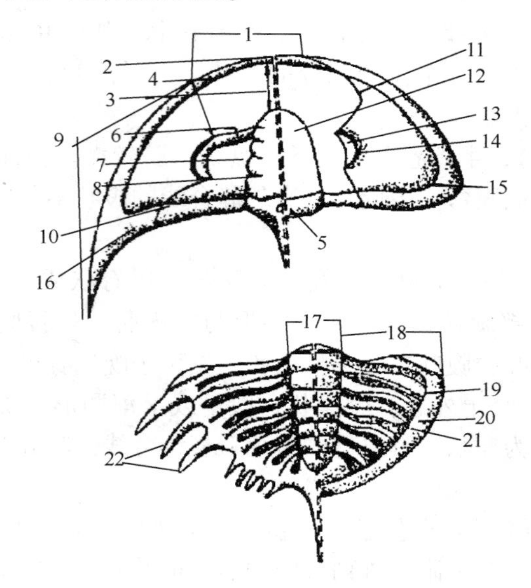

图 5-1　三叶虫构造填图

1. ________ 2. ________ 3. ________ 4. ________ 5. ________ 6. ________ 7. ________
8. ________ 9. ________ 10. ________ 11. ________ 12. ________ 13. ________ 14. ________
15. ________ 16. ________ 17. ________ 18. ________ 19. ________ 20. ________ 21. ________
22. ________

二、实验要求

1. 通过三叶虫的标本观察，掌握三叶虫背甲主要构造。
2. 掌握一定数量的化石代表。

三、化石观察方法

三叶虫的壳多分散保存，一般分散成头盖、活动颊、尾甲和另散的胸节，有时只能见到头盖和尾甲的一部分。因此在标本观察之前应当对三叶虫背甲构造有一个完整的概念。最好通过模型来理解背甲各部构造在形态、凸度等方面的特征，然后分析手中标本相当于三叶虫完整个体中的哪一部分，是头甲还是尾甲，是头鞍还是尾轴。

四、实验内容及鉴定指导

1. 三叶虫典型化石代表标本及观察要点如表5-1所示。

表5-1　三叶虫典型化石代表表本及观察要点

实习标本	观察要点								
	头甲					胸甲	尾甲		
	头鞍	眼叶	眼脊	前边缘	面线		形态	尾轴	尾缘
1. *Ptychagnostus*	Δ				Δ	●		Δ	
2. *Hupeidiscus*	Δ	●	●	Δ	Δ	●	●	Δ	
3. *Parabadiella*	Δ	●	Δ	●	Δ				
4. *Redlichia*	Δ	●	●	Δ	Δ	Δ	Δ		
5. *Palaeolenus*	Δ	●	●	Δ	Δ				
6. *Dorypyga*	Δ	●		Δ	Δ		Δ	Δ	Δ
7. *Amphoton*	Δ	Δ	Δ	Δ	Δ		Δ		
8. *Shantungaspis*	Δ	●	●	Δ	Δ				
9. *Bailiella*	Δ		●	Δ	Δ		Δ		Δ
10. *Anomocarella*	Δ	Δ	●				Δ	●	
11. *Tsinania*	Δ	●	●	Δ	Δ			Δ	
12. *Damesella*	Δ	●	●	Δ	Δ		Δ	●	Δ
13. *Blackwelderia*	Δ	●	●		Δ		Δ	●	Δ
14. *Drepanura*	Δ	Δ	●	Δ	Δ		●	Δ	Δ
15. *Kaolishania*	Δ	●	●	Δ	Δ		●	Δ	Δ
16. *Ptychaspis*	Δ	●	●	Δ	Δ				
17. *Eoisotelus*	Δ	●		●	Δ		Δ	●	Δ
18. *Latiproetus*	Δ	Δ	●	Δ	Δ		Δ	●	●
19. *Nankinolithus*	Δ						Δ	●	●
20. *Coronocephalus*	Δ	●		Δ	Δ		Δ	Δ	●
21. *Encrinuroides*	Δ	●		Δ	Δ		Δ	Δ	●
22. *Dalmanitina*	Δ	Δ	●	●	Δ		●	Δ	Δ

注：Δ—关键鉴定特征；●—主要鉴定特征。

2. 典型化石代表属例鉴定指导(图5-2)。

Redlichia(莱德利基虫)，头鞍长，锥形，具2~3对鞍沟；眼叶长，新月形，内边缘极窄。面线前支与中轴成45°~90°夹角。胸节多，尾板极小。发育于早寒武世。

Dorypyge(叉尾虫)，头鞍大，强烈上凸呈卵形，无内边缘，外边缘极窄，具颈刺，固定颊窄。尾轴高凸，两侧近平行，后端圆滑，有6对尾刺，其中第5对最长。壳面具小瘤点。发育于中寒武世。

Shantungaspis(山东盾壳虫)，头盖横宽，头鞍向前略收缩，具3对鞍沟，具颈刺，内边缘宽，外边缘窄而凸。眼叶中等大小，以平伸的眼脊与头鞍前侧相连。发育于早寒武世晚期。

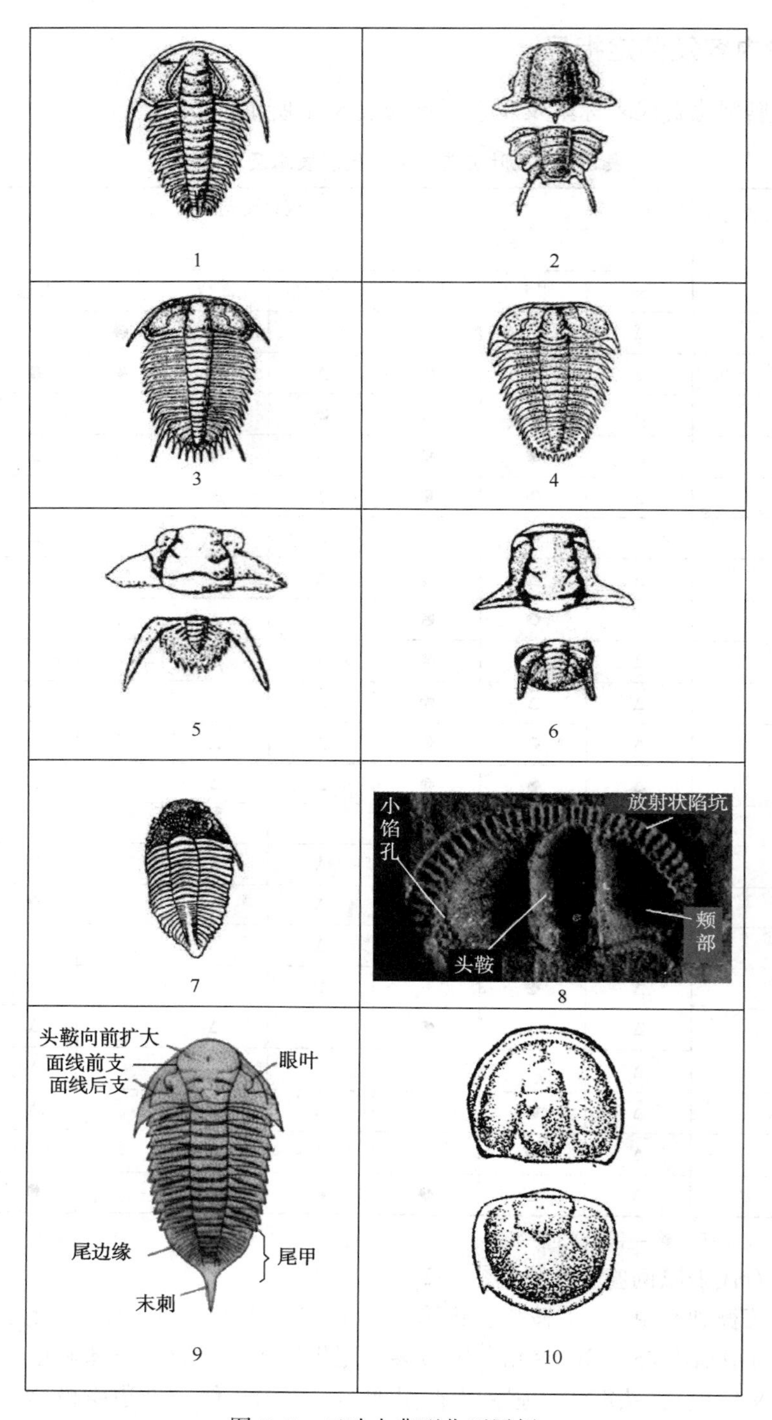

图 5-2　三叶虫典型化石属例

1—*Redlichia*(莱德利基虫)；2—*Dorypyge*(叉尾虫)；3—*Damesella*(德氏虫)；4—*Blackwelderia*(蝴蝶虫)；5—*Drepanura*(蝙蝠虫)；6—*Kaolishania*(蒿里山虫)；7—*Coronocephalus*(王冠虫)；8—*Nankinolithus*(南京三瘤虫)；9—*Dalmanitina*(小达尔曼虫)；10—*Pseudagnostus*(假球接子)

Bailiella(毕雷氏虫)，头鞍锥形，前端浑圆，内边缘宽，无眼，但有时可见微弱的眼脊。固定颊极宽，活动颊极窄。尾小，横宽，分节清楚，尾缘显著。

Damesella(德氏虫)，头甲横宽，头鞍长，向前收缩，鞍沟短。无内边缘，外边缘宽，略上凸；眼叶中等大小，固定颊宽。尾轴逐渐向后收缩，末端浑圆，肋沟较间肋沟宽而深。边缘窄，不显著，具长短不同的尾刺 6~7 对。壳面具瘤点。

Drepanura(蝙蝠虫)，头盖呈梯形，头鞍后部宽大，前部较窄，前端截切，前边缘极窄。眼叶小，位于头鞍相对位置的前部，并十分靠近头鞍，后侧翼成宽大的三角形。尾轴窄而短，末端变尖，尾部具一对强大的前肋刺，其间为锯齿状的次生刺。

Eoisotelus(古等称虫)，头鞍呈倒梨形，前部最宽，伸达前缘，眼叶间最窄。背沟宽而深，眼叶小，位于头鞍相对位置的后部。固定颊窄，面线前支在头鞍的前下方相遇，尾甲中轴狭长，背沟深而宽。肋部光滑，具下凹的边缘。发育于早奥陶世。

Nankinolithus(南京三瘤虫)，头甲强凸，头鞍呈棒状，具 3 对鞍沟。尾甲横三角形，中轴狭，分节明显。肋叶有 3 对深的肋沟。发育于晚奥陶世。

Dalmanitina(小达尔曼虫)，头鞍向前扩大，具 3 对鞍沟，后一对内端分叉。前边缘不发育，眼大，靠近头鞍，前颊类面线，具颊刺。尾甲分节多。

Coronocephalus(王冠虫)，头鞍前宽后窄，成棒状，后面狭窄部分被 3 条深而宽的横沟穿过。前颊类面线，活动颊边缘上有 9 个齿状瘤，头甲具粗瘤。尾甲为长三角形。中轴窄，平凸，向后逐渐变窄，分为 35~45 节。肋部分节较少，无沟。

五、作业与思考题

1. 根据头甲与尾甲的大小关系，可以分为几种尾甲类型？
2. 什么叫关节半环，固定颊眼区是指头甲的那一部分？
3. 任选一化石作图并标出构造。
4. 按要求完成实验报告。

实验六　腕足动物

（2学时，验证性）

一、预习内容

1. 腕足动物壳的外形、定向、硬体基本构造。
2. 填写图6-1构造名称。

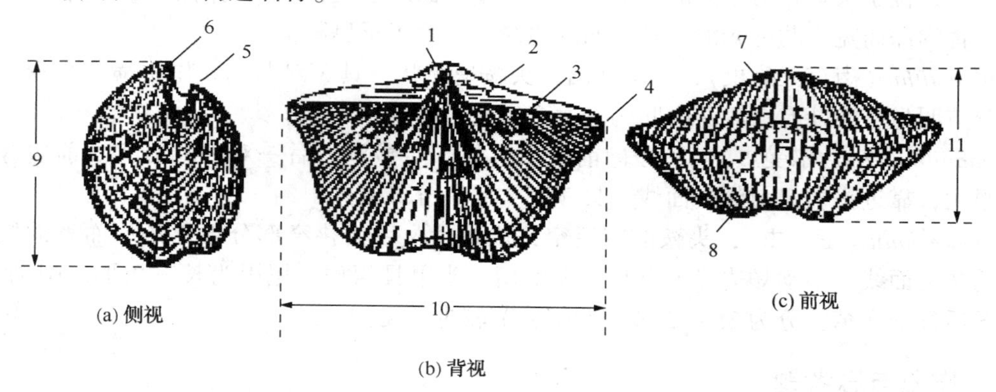

图6-1　腕足动物构造填图

1. ________ 2. ________ 3. ________ 4. ________ 5. ________ 6. ________ 7. ________ 8. ________ 9. ________ 10. ________ 11. ________

二、实验目的和要求

1. 主要掌握腕足动物外部构造特征。
2. 掌握必要的化石代表。

三、观察方法

观察腕足动物化石，应由表及里有秩序地进行，一般步骤和方法如下所述。

1. 壳的定向。

先定壳的前后，再区分背、腹瓣(一般根据外部特征即可)。

（1）腹壳常大于背壳。

（2）腹喙常较背喙发育。

（3）腹壳后部茎孔附近构造较背壳发育。

（4）中槽大多位于腹壳，中褶大多位于背壳。

2. 壳体度量。

10mm以下者为壳小；10~30mm为壳中等；30mm以上者为壳大。壳形的观察为先背视、再侧视(观察背、腹壳凸度)。

3. 壳饰观察。

壳饰包括放射状、同心状和刺状纹饰。

(1) 放射状纹饰有：放射纹，即细弱线纹，放射线，即较粗的线条；放射褶，即粗而隆起的脊线，一般影响到壳的内部。

(2) 同心状纹饰有：同心纹，即同心状细弱线纹；同心线，即同心状线；同心层；即呈迭瓦状的带状同心饰；同心皱，粗而波状起伏，影响到壳的内部。

(3) 刺状壳饰，常在同心状与放射状纹饰的交叉点，或在壳的后缘。

4. 茎孔附近的构造(一般腹壳较背壳明显)。

喙的大小、弯曲程度；基面的宽、窄；铰合线的长短、直弯；主端形状——方、圆、尖等；三角孔和肉茎孔的有无，及其发育程度；三角板和三角双板的有无等。

四、实验内容

1. 实验标本及观察鉴定要点如表6-1所示。

表6-1　实验标本及观察鉴定要点

实习标本	观察要点			
	壳形态、大小	壳面装饰	壳体后部构造	内部构造
1. *Obolus*	Δ	Δ	●	
2. *Lingula*	Δ	Δ	●	
3. *Sinorthis*	Δ	Δ	Δ	
4. *Orthis*	Δ	Δ	Δ	
5. *Schizophoria*	Δ	●	Δ	●
6. *Yangtzeela*	Δ	Δ	Δ	●
7. *Pentamerus*	Δ	●	●	Δ
8. *Chanetes*	Δ	Δ	●	
9. *Produiella*	Δ	Δ	●	
10. *Linoproductus*	Δ	Δ	●	
11. *Dictyoclostus*	Δ	Δ	●	
12. *Leptodus*	Δ	●	●	Δ
13. *Oldhamina*	Δ	●	●	Δ
14. *Yunnanella*	Δ	Δ	Δ	
15. *Yunnanellina*	Δ	Δ	Δ	
16. *Nantanella*	Δ	Δ	●	Δ
17. *Stringocephalus*	Δ	●	Δ	●
18. *Atrypa*	Δ	●	●	Δ
19. *Athyris*	Δ	●	Δ	Δ
20. *Squamularia*	Δ	●	Δ	●
21. *Acrospirifer*	Δ	Δ	Δ	Δ
22. *Cyrtospirifer*	Δ	Δ	Δ	Δ

注：Δ—关键鉴定特征；●—主要鉴定特征。

2. 典型化石代表属例鉴定指导(图 6-2)。

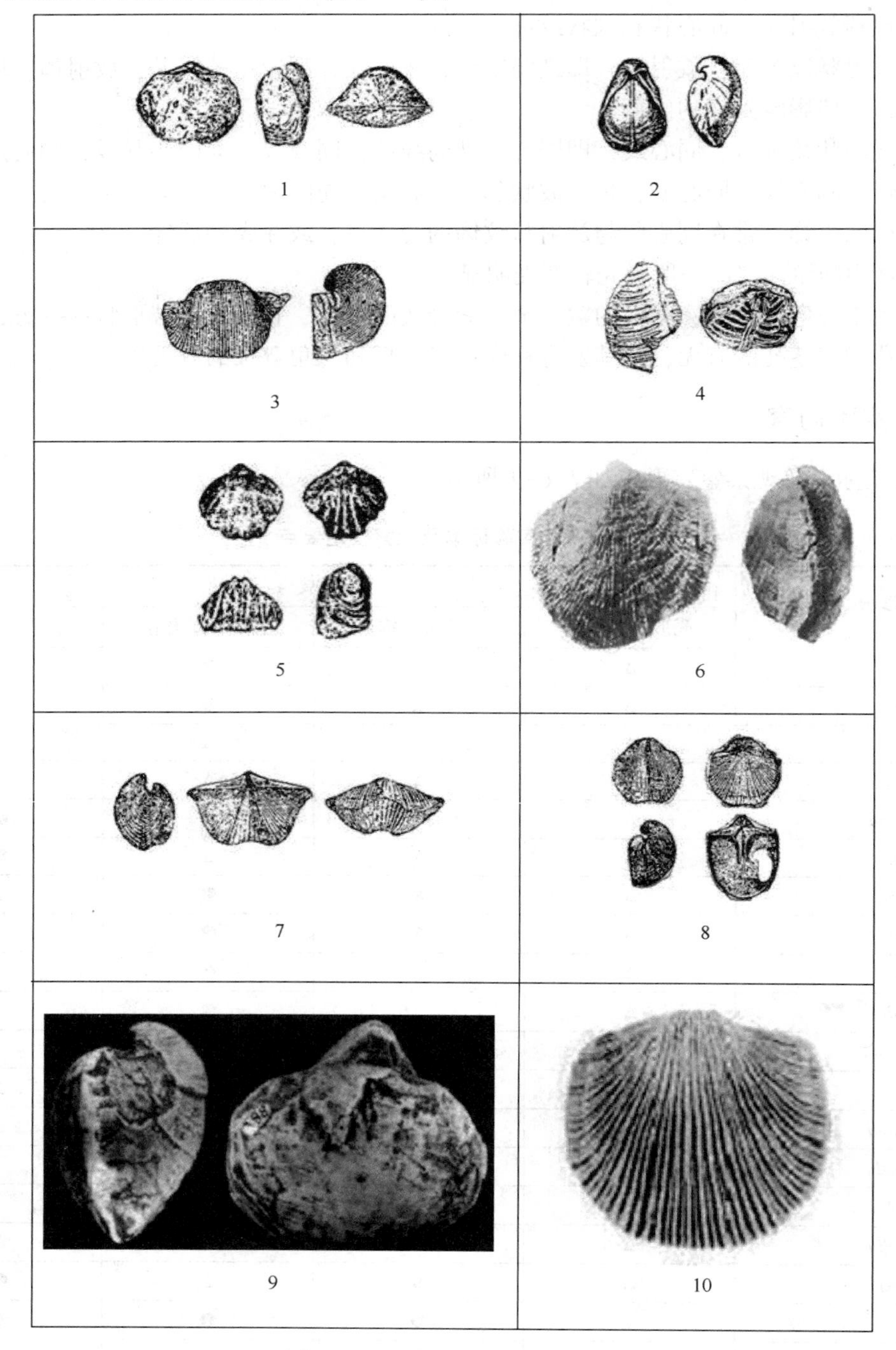

图 6-2　腕足动物典型化石属例

1—*Yangtzeella*(扬子贝)；2—*Pentamerus*(五房贝)；3—*Dictyoclostus*(网格长身贝)；4—*Leptodus*(蕉叶贝)；5—*Yunnanella*(云南贝)；6—*Atrypa*(无洞贝)；7—*Cyrtospirifer*(弓石燕)；8—*Choristites*(分喙石燕)；9—*Stringocephalus*(鸮头贝)；10—*Sinorthis*(中国正形贝)

Lingula(舌形贝)，壳薄，几丁磷灰质，长卵形，后缘钝尖。两瓣近相等，腹瓣稍大，前缘略平直，其中部常略向前突出，腹瓣茎沟明显。发育于寒武纪至现代。

Sinorthis(中国正形贝)，无疹壳。贝体小，方圆形，平凸至微凹凸，背壳具中槽，铰合线直，稍短于壳的最大宽度。腹基面较高，面平，三角孔洞开。背基面窄，主突起发育。具铰牙，牙板强，腕基发育，肌痕明显。放射线简单，有少数插入的放射线。发育于早奥陶世。

Yangtzeella(扬子贝)，壳横方形，铰合线直，略短于壳宽。双凸，背壳凸度较强，腹中槽、背中褶显著。壳面光滑，腹基面高于背基面，三角孔洞开，腹壳内具匙形台。发育于早奥陶世。

Chonetes(戟贝)，壳小或中等，横椭圆形，凹凸类。体腔狭，铰合线直，基面明显。腹壳具浅中槽，背壳具低中褶。腹壳内有大的肌痕和中脊，背壳内主突起双叶型，具中脊，壳面具放射纹，腹壳后缘有斜倾的大壳刺。发育于早泥盆世至石炭纪。

Dictyoclostus(网格长身贝)，壳大，圆方形，凹凸类，腹壳高凸，前方急剧膝折，造成深阔的体腔。铰合线直长，主端钝方，形成耳翼。壳面放射线密布，后部有同心皱，两者相交成网格状。腹壳有稀疏的壳刺。发育于石炭纪至二叠纪。

Echinoconchus(轮刺贝)，腹壳高凸，背壳微凹或近平，铰合线直长，耳翼小，前方无膝折。壳面具同心层，每层上有数排壳刺，每一同心层后缘的壳刺较其前方壳刺粗大。发育于石炭纪。

Oldhamina(欧姆贝)，壳体呈牡蛎状，附着生活。长卵形，腹壳内中脊纵贯壳全长，两侧有一系列横脊，横脊顶尖锐并向前倾斜。背瓣特化，为一狭长的中脊，脊两侧斜伸出横板，覆盖在腹瓣沟上。发育于二叠纪。

Yunnanella(云南贝)，壳近三角形，双凸，腹壳缓凸。壳喙弯，顶端为茎孔所截切。铰合线弯短，腹中槽和背中褶发育。壳面具棱形放射线，在前端放射线融合组成粗大的放射褶。发育于晚泥盆世。

Stringocephalus(鸮头贝)，壳大，近圆形，双凸，腹壳凸度稍高。铰合线短弯，具三角双板，顶端具卵形的肉茎孔。壳面光滑，腹壳内具高大的中板，背壳内具叉形的高长主突起，背中板短，腕环宽长。发育于中泥盆世。

Atrypa(无洞贝)，壳近圆形，不等双凸，腹壳近平或微凸，背瓣高凸。铰合线弯短，壳面具放射线或放射褶，有显著的同心层。腕螺顶指向背中部，无洞贝型腕螺。发育于志留纪至早石炭世。

Athyris(无窗贝)，壳中等或小，横椭圆形或次圆形，近等双凸。铰合线弯，具圆形茎孔，基面不发育。具腹中槽、背中褶，表面光滑，腕螺为无窗贝型，螺顶指向两侧。发育于泥盆纪至三叠纪。

Cyrtospirifer(弓石燕)，壳中等大小，双凸，横长方形，铰合线等于或稍大于壳宽。基面宽广，斜倾型。中槽、中褶纵贯全壳。全壳复有放射线，牙板发育。发育于晚泥盆世。

五、作业与思考题

1. 腕足类具有哪些基本构造？
2. 腕足类的腹壳和背壳如何区别？
3. 怎样鉴定腕足类化石？
4. 腕足动物的铰齿在哪一个壳瓣上？
5. 任选一化石标本作图并标出构造。
6. 比较腕足动物与双壳类的异同点。
7. 按要求完成实验报告。

实验七　笔石动物

（2 学时，验证性）

一、预习内容

笔石硬体基本构造，特别要注意正笔石类胞管类型及其特征，同时完成对下列笔石图形笔石枝生长方向的判别(图 7-1)。

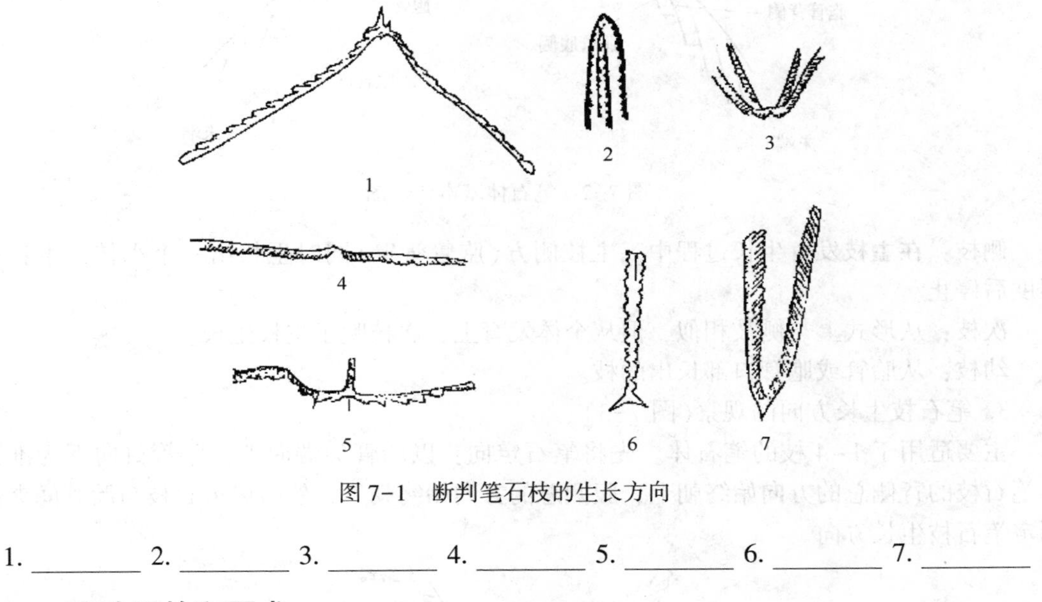

图 7-1　断判笔石枝的生长方向

1. ________ 2. ________ 3. ________ 4. ________ 5. ________ 6. ________ 7. ________

二、实验目的和要求

1. 掌握笔石的基本构造特征，以及常见笔石动物主要化石代表。

2. 观察牙形石各种形态类型的构造特征，掌握牙形石的地史分布及生态特征并学习牙形石的描述方法。

三、观察方法及步骤

1. 笔石体基本构造如图 7-2 所示。

2. 笔石枝的观察。

树形笔石类：要注意笔石标本形态；分枝是否规则，均分还是不规则分叉；分枝疏密程度；枝间连接构造等。

正笔石类：对均分笔石类各属皆为正分枝，要注意其分枝级数(指自胎管开始，每分叉一次为一级)，分枝枝数(末级笔石枝的总数)。其余各类还可以有侧分枝，这时还需注意主枝、侧枝、次枝、幼枝的判别。

主枝：胞管沿一个方向生成形成的枝。

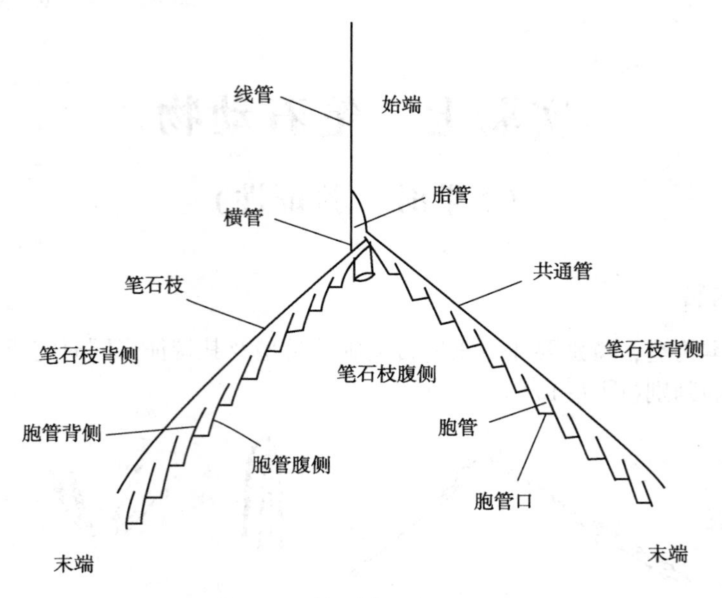

图 7-2　笔石体基本构造图

侧枝：在主枝发育生长过程中，主枝侧方(胞管管壁)同时生长出一个小枝，生长一定程度后停止。

次枝：从形式上与侧枝相似，但从个体发育上，次枝晚于主枝生长。

幼枝：从胎管或胞管口部长出的枝。

3. 笔石枝生长方向的观察(图 7-3)。

主要适用于 1~4 枝的笔石体。先将笔石定向：以胎管尖端向上，胎管口向下为准，这样笔石枝的背侧总的方向始终朝上，腹侧总的方向始终朝下，然后以笔石枝与胎管间夹角来判定笔石枝生长方向。

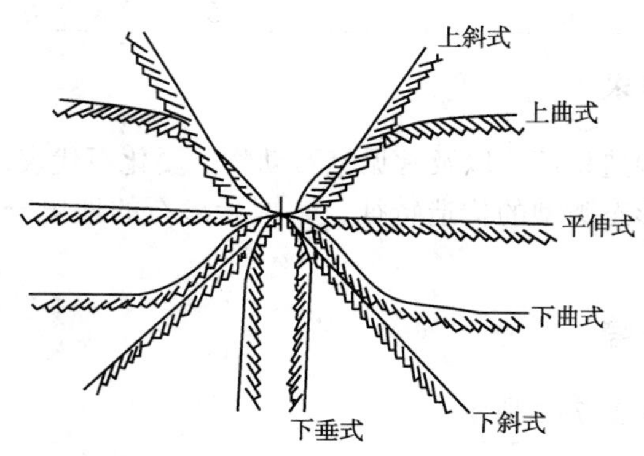

图 7-3　笔石枝的生长方向

4. 胞管形态的观察。

树形笔石类：正胞(大)和副胞(小)两种，胞管由茎系连接在一起。

正笔石类：只有正胞，观察时要注意：(1)胞管是直的、弯的(内弯或外弯)，还是卷的；(2)胞管口的弯转方向，口刺的有无及长短，口穴的形态；(3)胞管倾角和相邻胞管的迭复关系。此外，还要注意化石保存特点。

四、实验内容

1. 实验标本及观察要点如表 7-1 所示。

表 7-1　笔石化石实验标本及观察要点

实验标本	观察要点			
	笔石体		笔石枝类型	胞管形状
	形态	笔石枝组成		
1. *Dendrograptus*	Δ	Δ		●
2. *Callograptus*	Δ	Δ		●
3. *Tetragraptus*	Δ	Δ	Δ	Δ
4. *Didymograptus*	Δ	Δ	Δ	Δ
5. *Sinograptus*	●	Δ	Δ	Δ
6. *Nemagraptus*	●	Δ	●	Δ
7. *Dicellograptus*	Δ	●	Δ	Δ
8. *Cardiograptus*	●	●	Δ	Δ
9. *Phyllograptus*	Δ	●	Δ	Δ
10. *Glyptograptus*	●	●	Δ	Δ
11. *Climacograptus*	●	●	Δ	Δ
12. *Orthograptus*	●	●	Δ	Δ
13. *Monograptus*	●	●	●	Δ
14. *Streptograptus*	Δ	●	●	Δ
15. *Pristiograptus*	●	●	●	Δ
16. *Demirastrtes*	Δ	●	●	Δ
17. *Rastrites*	Δ	●	●	Δ
18. *Cyrtograptus*	Δ	Δ	●	Δ
19. *Petaloliths*	Δ	●	Δ	Δ
20. *Spirograptus*	Δ	●	●	Δ

注：Δ—关键鉴定特征；●—主要鉴定特征。

2. 笔石动物典型化石代表鉴定指导(图 7-4)。

Acanthographtus(刺笔石)，笔石体灌木状，分枝不规则。胞管细长，几个胞管互相紧靠，形成芽枝，像枝上生刺。发育于奥陶纪至志留纪，我国见于华南早奥陶世。

Tetragraptus(四笔石)，笔石体左右对称，分枝两次，具 4 个笔石枝，下垂至上斜式，胞管直管状。发育于早、中奥陶世。

Didymograptus(对笔石)，笔石体具两个笔石枝，不再分枝，两枝下垂至上斜。胞管直管状。发育于早、中奥陶世。

Sinograptus(中国笔石)，具两个下垂的笔石枝，胞管强烈褶皱，始部形成背褶，末部形成腹褶，背褶和腹褶顶端均具相当发育的刺。发育于早奥陶世。

Nemagraptus(丝笔石)，两个主枝细长而弯曲，有时作 S 形，主枝外弯的一侧生有次枝，各枝间距离近等。发育于中奥陶世。

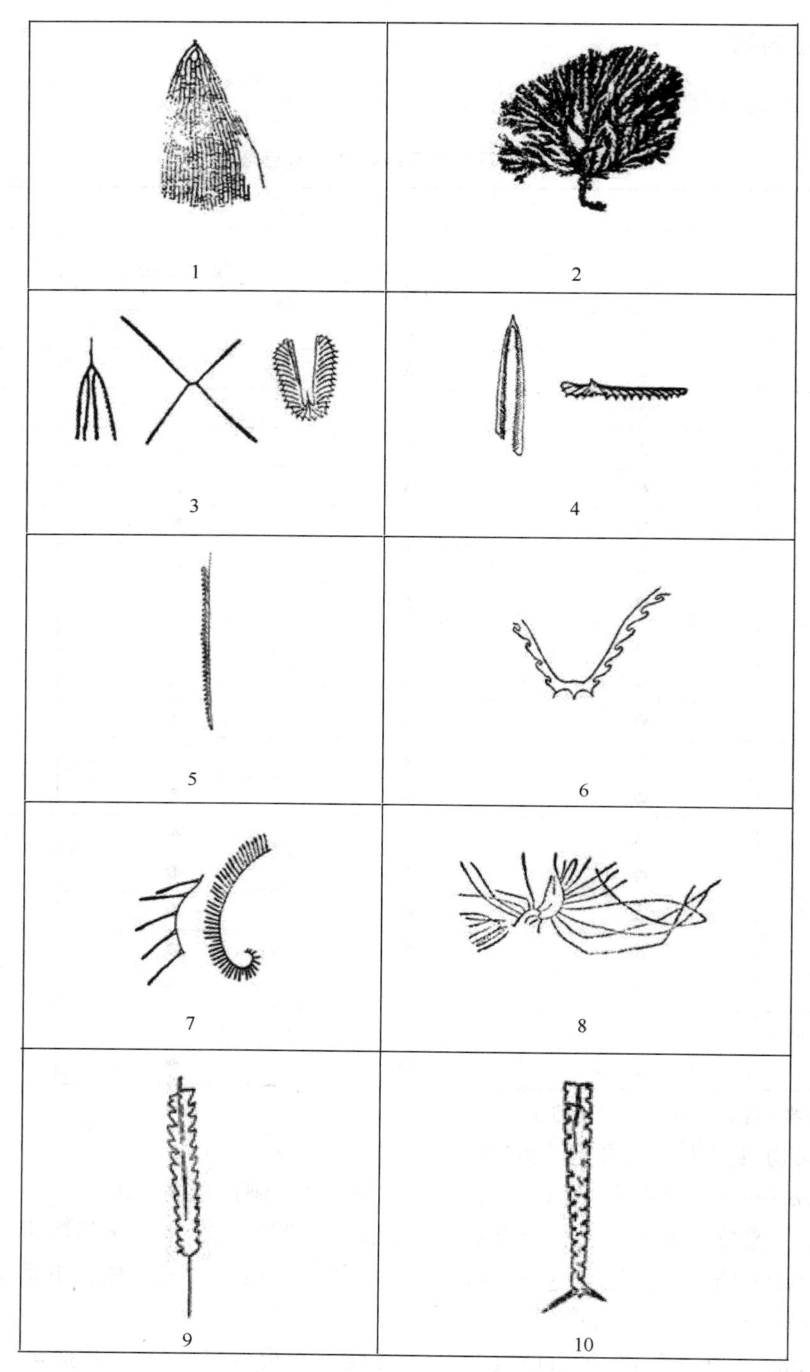

图 7-4　笔石动物典型化石属例

1—*Dictyonema*(网格笔石)；2—*Acanthograptus*(刺笔石)；3—*Tetragraptus*(四笔石)；4— *Didymograptus*(对笔石)；5—*Monograptus*(单笔石)；6—*Dicellograptus*(叉笔石)；7—*Rastrites*(耙笔石)；8—*Nemagraptus*(丝笔石)；9—*Glyptograptus*(雕笔石)；10—*Climacograptus*(栅笔石)

Dicellograptus(叉笔石)，两枝上斜生长或互相交叉。胞管曲折，口部向内转曲，口穴显

著。发育于中、晚奥陶世。

Glyptograptus(雕笔石)，单枝双列，横切面为椭圆形。胞管腹缘呈波浪状，常呈尖锐的口尖。发育于早奥陶世至早志留世。

Climacograptus(栅笔石)，胞管强烈弯曲，腹缘作S形曲折，烟斗状，口穴方形。发育于早奥陶世至早志留世。

Monograptus(单笔石)，笔石枝直或微弯曲。胞管口部向外弯曲，呈钩状。发育于早志留世至早泥盆世。

Rastrites(耙笔石)，笔石体弯曲，钩形，非常纤细。胞管呈线形，孤立，没有掩盖，有向内弯曲的口部。胞管与轴近乎垂直相交。发育于早志留世。

五、作业与思考题

1. 笔石有哪些基本构造？
2. 判断笔石枝生长方向是向上还是向下的依据是什么？
3. 笔石是怎样划分对比地层的？
4. 任选一标本作图并标明构造名称。

实验八 古植物及遗迹化石

（2学时，验证性）

一、预习内容

1. 叶的形态和结构：叶的组成，叶序，叶形，叶脉等；羽状复叶各部分名称。

2. 遗迹化石的基本概念。

二、实验目的要求

1. 掌握古植物主要分类系统；掌握古植物各门类的主要特征和地史分布，并着重掌握叶的组成、排列和形态。

2. 掌握植物化石的观察方法；认识常见古植物化石及主要化石类群的地史分布与生态特征。

3. 了解遗迹化石观察方法。

三、实验内容

1. 了解高等植物叶的形态和结构及一些茎化石的特点，掌握高等植物的分类、系统及主要门类的特征。观察描述10种古植物化石重要化石属例标本。观察主要门类的重要化石代表，掌握其特征及地史分布并学习古植物化石的描述方法。要求熟记各类代表化石属例的鉴定特征和地史分布。

2. 参观遗迹化石标本。

四、实验提示

1. 叶化石的观察。

叶的形态和结构——叶的组成，叶序，叶形，叶脉等。

羽状复叶各部分名称（图8-1），主要有：小羽片，羽轴，羽片，末次羽片；单羽状复叶，双羽状复叶；间小羽片。应注意叶的形状、大小、排列方式，叶缘、叶顶以及叶脉等特点。

2. 化石茎的观察。

应注意茎的粗细，是否有节与否。有节的要注意节间长短，肋沟的宽度及上、下节间肋沟的对应关系（互通、相错）。如果有叶座，要注意叶座的大小、形状、排列方式、疏密程度以及叶座上的其他构造特征（叶痕、束痕、侧痕、通气管痕、叶舌痕等）（图8-2）。

3. 实验重点与难点。

低等植物与高等植物的含义，高等植物的分类，蕨类植物门和裸子植物门各纲的特征，根、茎、叶及繁殖器官的特点，化石保存特点、地史分布及各纲代表化石的鉴定特征与地层意义。

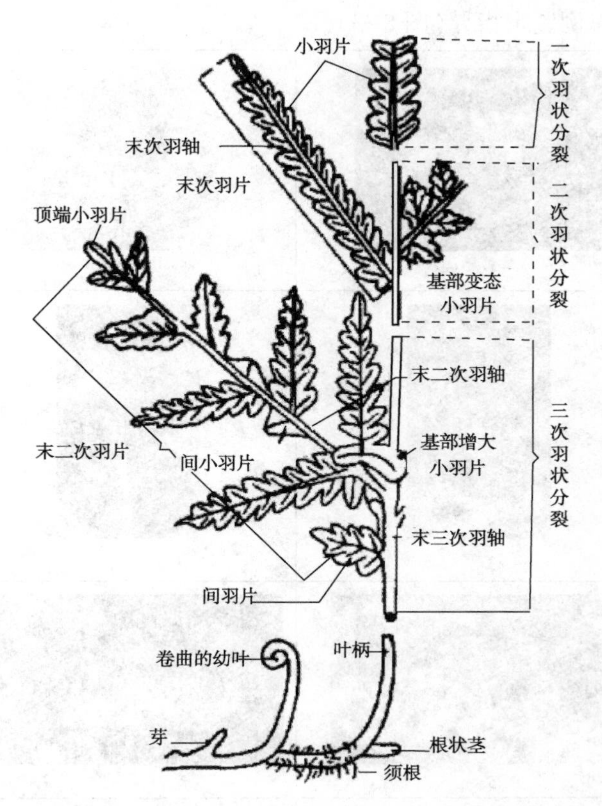

图 8-1 真蕨门或种子蕨门的蕨叶综合示意图(据何心一等，1993)

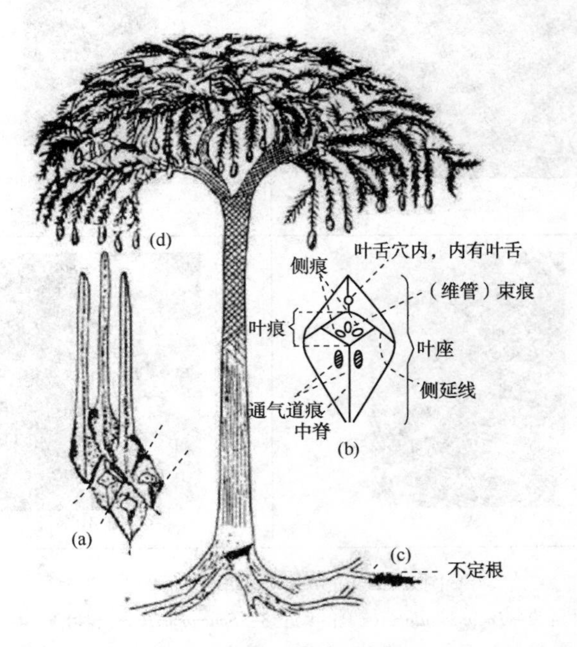

图 8-2 石松植物鳞木(*Lepidodendron*)复原图及其叶座

(a)—叶在茎枝上的着生状态；(b)—叶座放大；(c)—根座；(d)—鳞孢穗

4. 典型代表化石属例鉴定指导(图 8-3)。

图 8-3　古植物典型化石属例

1—*Lepidodendron*(鳞木); 2—*Lobatannularia*(瓣轮叶); 3—*Sphenophyllum*(楔叶); 4—*Neuropteris*(脉羊齿); 5—*Coniopteris*(锥叶蕨); 6—*Dictyophyllum*(网叶蕨); 7—*Danaeopsis*(拟丹尼蕨); 8—*Pterophyllum*(侧羽叶); 9—*Nilssonia*(蕉羽叶); 10—*Podozamites*(苏铁杉)

Leptophloeum(薄皮木)，乔木状，二歧分枝，叶座较大，菱形，表面光滑，螺旋状排列，叶痕纺缍形，位叶座顶端。发育于晚泥盆世。

Lepidodendron(鳞木)，乔木，高可达30m以上，叶座通常呈纵的菱形或纺缍形，其中上部有叶痕。叶痕呈横菱形或斜方形，中央有一维管束痕，两侧各有一侧痕。叶痕下方常有一中脊和横纹。发育于石炭纪至二叠纪。

Sphenophyllum(楔叶)，茎细瘦，通常直径不大于5mm，叶轮生，每轮叶为3的倍数，通常为6枚叶，一般成顶端宽而基部窄的楔形。扇状脉，叶的排列形式有两种，一种6枚叶等大，另一种6枚叶不等大，呈3对分列于枝两侧，称为三对型。发育于晚泥盆世至早三叠世，我国于石炭—二叠纪最盛。

Calamites(芦木)，乔木，茎、叶等器官通常分散保存。茎干化石最常见的类型是髓腔充填泥沙所形成的髓模，其节间表面也有纵向的肋和沟。芦木上、下节间的纵沟、纵肋在节部相错，纵肋的顶端常具有节下管痕，为通气组织。发育于晚石炭世至二叠纪。

Annularia(轮叶)，芦木类的枝叶化石，叶轮生于小枝的节部，与枝夹角很小，几乎在一个平面上，呈辐射状直伸排列。每轮叶6~40枚，单脉，线形或倒披针形，同一轮叶长短相近，叶轮具上叶缺(在叶轮上、下部位有时有一空隙不生叶片处称叶缺或叶隙)或无。发育于晚石炭世至二叠纪。

Lobatannularia(瓣轮叶)，为芦木类的枝叶化石。每轮叶16~40枚，叶的形状和着生方式与轮叶同，但叶的长短差别大，多少向外、向上弯曲，形成明显的两瓣。具上、下叶缺，一般下叶缺明显。叶基部彼此分离或大多数不同程度地连合。发育于二叠纪。

Danaeopsis(拟丹尼蕨)，蕨叶大，1~2次羽状复叶，小羽片带状，整个基部着生于轴上，下延或收缩。中脉粗，侧脉分叉1~2次，近小羽片边缘处分叉结成稀疏网状，基部下延处有邻脉。孢子囊圆形。发育于晚三叠世。

Bernoullia(贝尔瑙蕨)，1~2次羽状复叶，小羽片长5~6cm，线形至剑线形，基部收缩，中脉粗强，侧脉细密，分叉数次呈束状，孢子囊成群排列于叶背面中脉两侧。发育于晚三叠世。

Cladophlebis(枝脉蕨)，蕨叶多次羽状分裂，小羽片形态似栉羊齿，但常较大且多少呈镰刀状，全缘或具齿，顶端尖或圆凸。羽状脉，侧脉常分叉。发育于二叠纪至早白垩世。

Coniopteris(锥叶蕨)，2~3次羽状复叶，羽片线形至披针形，以宽角着生于轴上，小羽片基部收缩，边缘分裂为楔形，叶脉呈羽状，实小羽片的裂片常退化，仅留柄状的中脉或侧脉。单个孢子囊群着生于叶脉顶端。发育于侏罗纪至白垩纪。

Dictyophyllum(网叶蕨)，蕨叶大，具一长柄，羽片呈线形至披针形，羽片边缘切裂成三角形或线形的小羽片，各具中脉，侧脉以直角伸出，结成多边形网格，网内有细脉结成小网。发育于晚三叠世至中侏罗世。

Clathropteris(格子蕨)，蕨叶大，各羽片基部相联合，羽片浅裂成锯齿状，中脉粗直，侧脉羽状，第三次脉相互联成长方形网格。发育于晚三叠世至早侏罗世。

Onychiopsis(拟金粉蕨)，蕨叶细弱，2~3次羽状复叶，羽片呈线形，与轴成锐角。小羽片呈伸长的披针形，顶端尖锐，全缘或浅裂，实小羽片呈卵形或椭圆形。中脉明显，孢子囊位于中脉两侧。发育于晚侏罗世至早白垩世。

Neuropteris(脉羊齿)，羽状复叶，小羽片呈舌形、镰刀形等，基部收缩成心形，以一点

附着于羽轴。羽状脉，中脉伸至小羽片全长 1/2～2/3 处就分散，侧脉多次二分叉向外弯。发育于早石炭世至早二叠世，以中晚石炭世最盛。

Gigantonoclea(单网羊齿)，至少一次羽状复叶。小羽片大，披针形，长椭圆形或卵形，全缘、波状或齿状。中脉较粗，侧脉分 1～3 级，细脉二歧分叉结成简单网，具伴网眼。发育于二叠纪，早二叠世晚期至晚二叠世早期最盛。

Pterophyllum(侧羽叶)，叶呈单羽状，裂片呈线形、扁针形或舌形，基部全部附着于羽轴的两侧。平行脉，近基部处分叉 1～3 次，然后平行伸出。发育于晚石炭世至早白垩世，晚三叠世至早侏罗世最盛。

Nilssonia(蕉羽叶)，羽叶全缘或裂成裂片，羽叶基部的叶膜很少分裂。叶膜或裂片着生于羽轴腹面，几乎全部覆盖羽轴。平行脉简单，或很少分叉。发育于二叠纪至第三纪，晚三叠世至早白垩世最盛。

Pecopteris(栉羊齿)，为形态属。多次羽状分裂，小羽片以两侧边平行，顶端钝圆的椭圆形、长舌形为主，以整个基部着生于羽轴两侧，排列整齐如栉状。羽状脉，中脉直达顶端，侧脉分叉或否。绝大多数的栉羊齿属于真蕨植物门，少数属于裸子植物种子蕨植物门。发育于石炭纪至三叠纪，以石炭纪、二叠纪最盛。

Emplectopteris(织羊齿)，主叶柄二歧分枝，然后两次羽状分裂。小羽片呈三角形，末次羽片基部下行第一小羽片变形下延似间小羽片。中脉较细，侧脉二歧分叉结成简单网脉。发育于早二叠世。

Gigantopteris(大羽羊齿)，大型单叶，倒卵形，歪心形，纺缍形或长椭圆形。边缘全缘，波状或齿状。叶脉有四级。中脉粗，侧脉 1～3 级，三级侧脉联结成大网眼，并分出细脉，细脉结成小网眼，呈重网状。发育于晚二叠世。

Taeniopteris(带羊齿)，单叶或单羽状复叶，叶呈带形至披针形，全缘或具细齿，顶端钝或尖，基部收缩。中脉较粗，侧脉常分叉。发育于晚石炭世至白垩纪。

Ptilophyllum(毛羽叶)，单羽状。裂片呈线形，基部全部着生于羽轴腹面，裂片基部上边收缩成圆形，下边略向下延。上面裂片常部分覆盖下面裂片。叶脉平行或放射状。发育于晚三叠世至白垩纪。

Otozamites(耳羽叶)，单羽状，裂片圆形，宽卵形或披针形，基部收缩成耳状。裂片互生，上下裂片相互叠覆，放射脉。发育于晚三叠世至早白垩世。

Cordaites(科达叶)，高大乔木，叶大，密集着生于顶端小枝上，线形至带形，全缘，无柄，平行脉，多具脉间纹。发育于石炭纪至二叠纪。

Ginkgoites(似银杏)，叶与现代银杏相似，具长叶柄，扇形、肾形或楔形。扇状脉，但常二歧式分裂为 2~8 个或更多的裂片，每个裂片有近平行的脉 4~6 条以上。发育于二叠纪至第三纪，侏罗纪至早白垩纪最盛。

Phoenicopsis(拟刺葵)，叶线形，无柄，不分裂，常 6~20 枚簇生于短枝上。短枝外面包着鳞片状小叶。叶一般长 10～20cm，宽 4～10mm，平行脉，偶有分叉。发育于晚三叠世至晚白垩世。

Baiera(拜拉)，叶形与似银杏相似，但叶片深裂为狭窄的线形或近于线形的裂片，裂片所含的平行状叶脉不超过 4 条。发育于三叠纪至白垩纪。

Czekanowskia(茨康叶)，叶细长，无柄，簇生于短枝上。细裂片顶端尖，每个最后裂片

中有一条叶脉。发育于晚三叠世至早白垩世。

Ullmannia(鳞杉，乌尔曼杉)，叶小，鳞片状，顶端钝，螺旋状排列，单脉。发育于二叠纪。

Brachyphyllum(短叶杉)，枝互生，位于同一平面上。叶呈鳞片状，质厚，宽而短，顶端分离部分长度小于叶基座宽度，呈螺旋状排列，紧贴枝轴，包裹枝轴一半以上，叶脉不明。本属为形态属。早白垩世常见。

Podozamites(苏铁杉)，枝轴细，叶稀螺旋状着生，呈假两列状。叶呈椭圆形，披针形，叶脉细密平行叶边缘，至顶端常聚缩。发育于晚三叠世至早白垩世。

Elatocladus(枞型枝)，叶螺旋状或假二列状排列，单脉，披针形，基部下延。发育于晚三叠世至早白垩世。

五、作业及思考题

1. 蕨形叶有哪些主要构造？
2. 蕨形叶有哪些脉序类型？
3. 蕨形叶有哪些小羽片形态？
4. 作业：观察描述4~6个植物化石属例。

实验九　微体化石

（2学时，验证性）

一、预习内容

1. 微体古生物化石的基本概念。
2. 微体古生物主要化石类群的基本特征。

二、实验目的和要求

1. 通过观察化石标本、教学图片、教学幻灯片，认识常见微体古生物化石及主要化石类群的地史分布与生态特征。

2. 了解微体化石的处理与分析方法及其在油气勘探中的应用。

三、实验内容

1. 观察常见微体化石(有孔虫、介形虫、放射虫、孢子和花粉等)的一般形态特征及其鉴定描述方法；观察描述4~8种微体古生物化石的重要化石属例标本。

2. 参观轮藻化石、甲藻及颗石藻标本。

3. 了解微体化石的处理与分析方法。

四、实验方法指导

1. 有孔虫、放射虫、轮藻、介形虫、牙形石实验方法。

在实体显微镜下观察化石标本，掌握上述重要微体古生物化石的结构构造特征，主要代表属种。

2. 硅藻、硅鞭藻、孢粉实验方法。

在生物显微镜下详细观察化石薄片，掌握上述重要微体古生物化石的结构构造特征，主要代表属种。

3. 化石代表属例鉴定方法指导(图9-1)。

Textularia(串珠虫)，壳狭长，楔形，横断面扁圆形至卵形。胶结多房室壳，螺旋双列式，房室排列紧密。基部口孔新月形。发育于侏罗纪至现代。

Quiqueloculina(五块虫)，壳近椭圆形，规则绕旋壳，房室五块虫式排列，每个旋圈由两个房室组成，外部旋圈包裹内部旋圈。多室面可见4个房室。发育于侏罗纪至现代。

Globigerina(抱球虫)，壳低螺旋式，房室球形或卵形。具钙质透明壳，壳面光滑或具小坑、网纹。发育于古近纪至现代。

Nummulite(货币虫)，壳透镜形或长圆形，平旋包旋，房室多，结构简单。发育于早第三纪至晚第三纪。

Leperditia(豆石介)，壳大，近椭圆形。背缘直，两端具明显的背角，腹缘弧形弯曲。前

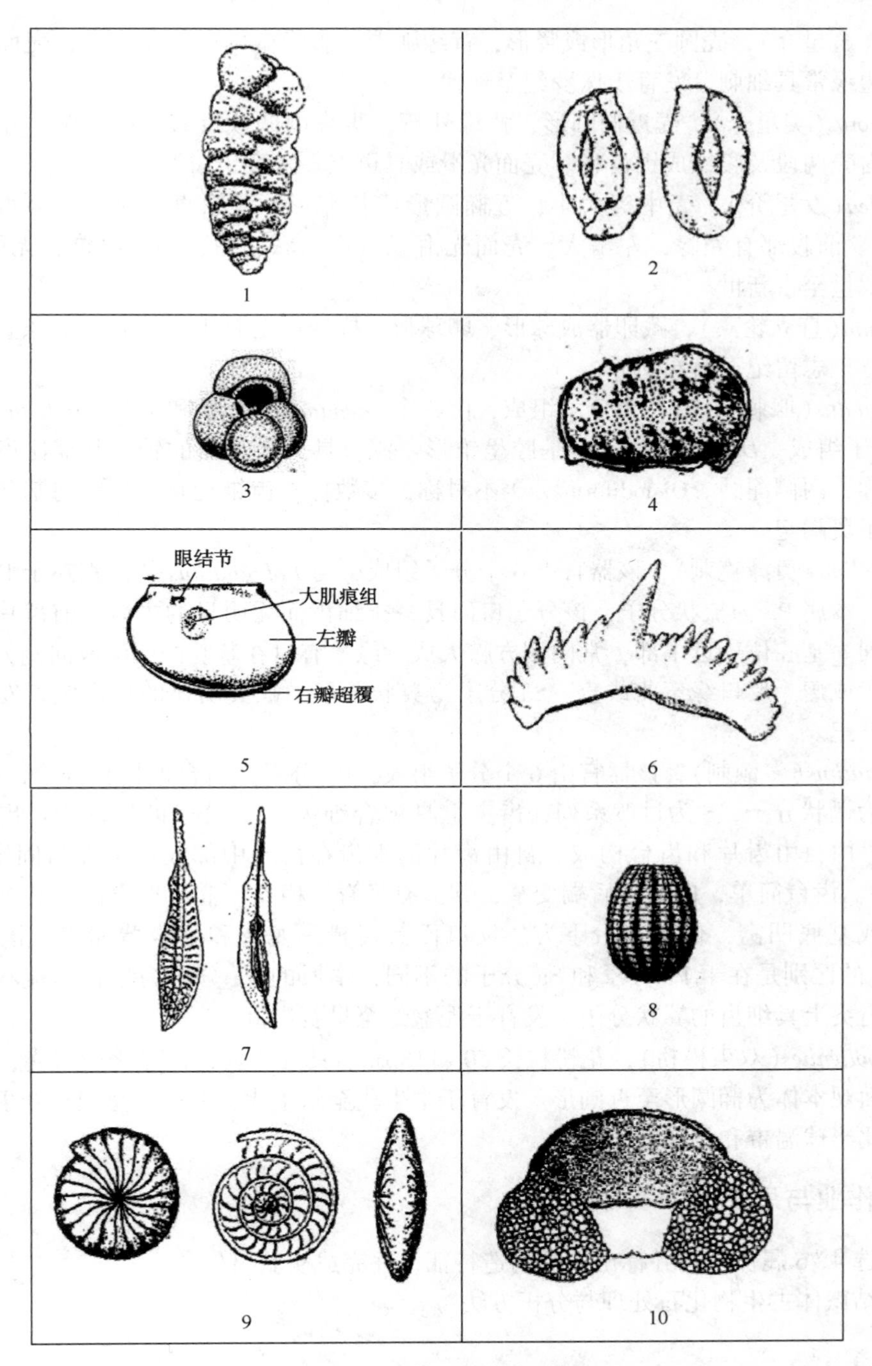

图 9-1　微体化石代表属例

1—*Textularia*（串珠虫）；2—*Quiqueloculina*（五玦虫）；3—*Globigerina*（抱球虫）；4—*Cypridea*（女星介）；5—*Leperditia*（豆石介）；6—*Ozarkodina*（奥泽克刺）；7—*Polygnathus*（多颚刺）；8—*Sycidium*（直立轮藻）；9—*Nummulite*（货币虫）；10—*Pinuspollenites*（双束松粉）

背部具眼点，最大高度位于后半部。右瓣大，沿腹缘超覆明显。壳面光滑或具斑点等纹饰。铰合构造简单，壳内侧具大巨圆形肌痕。发育于奥陶纪至中二叠世。

Cypris(金星介)，壳圆三角形或肾形，背缘弧形，腹缘微内凹。左壳大，壳面光滑或具网纹，前边缘常具细刺。发育于侏罗纪至现代。

Cyprinotus(美星介)，壳近椭圆形，背缘外弯，腹缘内凹或近直，两端圆。左壳大，左壳前端和右壳两段及腹缘成锯齿状。壳面光滑或具斑点。发育于白垩纪至现代。

Cypridea(女星介)，壳中等大小，近椭圆形或长卵形。背缘直，前、后角明显，壳前1/3处最高。前腹部有壳喙，左瓣大。壳面光滑或具蜂窝状、瘤、刺等纹饰，无齿型铰合。发育于侏罗世至古新世。

Sycidium(直立轮藻)，藏卵器成球形、卵球形、椭球形至瓶状，具12~18条直立纵沟和纵脊。发育于志留纪至石炭纪。

Drepanodus(镰刺)，有两个分子组成，由一个*Drepanodus*分子和一个*Sandodus*形的Oistodiform分子组成。*Drepanodus*分子基腔呈锥形，深，具一个弯曲的轴。基部比齿锥宽。该分子近对称，两侧浑圆。Oistodiform分子不对称，多数标本齿锥近直，齿锥与基部明显可分开。发育于奥陶纪。

Ozarkodina(奥泽克刺)，该器官由6个分子组成，与*Polygnathus*的区别在于Pa和Sa分子的不同。本属Pa为梳状分子，该分子口面具一排细齿而无明显的主齿，前齿片稍高，细齿紧密排列。基腔位于近中部，常向侧方膨大成唇缘，有时在基腔的唇缘或向侧方膨大的口面上具细齿或瘤。反口缘弯曲或直。Sa分子为翼状分子，缺失明显的后齿突。发育于晚奥陶世至泥盆纪。

Polygnathus(多颚刺)，该器官由6个分子组成，Pa分子为齿台形梳状分子，Pb为角状分子，M为锄状分子，S为过渡系列，齿突上具愈合细齿。Pa分子的特征为：齿体为叶形或披针形，由自由齿片和齿台构成。自由齿片的细齿在齿台中部或近中部与固定齿脊(隆脊)相连接。齿台简单，向前、后端变窄，其上有隆脊、横脊、瘤、近脊沟等装饰。反口面有一基腔或基底凹窝，位于齿台下方。反口面具齿槽、龙脊和基缘萎缩带。该器官属与*Ozarkodina*的区别是在于Pa分子和Sa分子的不同，本属的Pa分子为齿台形梳状分子，Sa分子为后齿突上具细齿的翼状分子。发育于泥盆纪至早石炭世。

Pinuspollenites(双束松粉)，花粉粒长50~118μm。具两个发达而显著的气囊，气囊偏向远极。极面观本体为椭圆形至近圆形。发育于中生代至新生代，尤以白垩纪至新生代多。主要发育于北半球温带和热带的高山上。

五、作业与思考题

1. 任选4~6属例作图并标出主要构造特征，并完成实验报告。
2. 总结微体古生物化石处理与分析方法。

实验十　脊椎动物及演化综合实验(专题研究一)

(2学时，综合性)

一、预习内容

1. 古脊椎动物基本概念及其分类系统。
2. 脊椎动物演化历史基本知识。

二、实验目的

1. 通过参观中国地质博物馆或中科院古脊椎动物及古人类研究所博物馆，加深了解地球及其生命演化历史，进一步巩固各种古生物化石知识。

2. 通过观看电教片，加深了解脊椎动物演化历史，进一步巩固各种古生物化石及生物演化知识。

三、实验内容

1. 参观中国地质博物馆或中国科学院古脊椎动物与古人类研究所古动物博物馆。
2. 观察化石标本。
3. 观看地球及生命起源、生物进化电教片。
4. 观看各地质历史时期地球生物景观电教片。

四、主要实验仪器设备

化石模型、教学挂图、教学幻灯片、放大镜、电教设备。

五、每台套主要仪器设备每次实验学生安排

1个班分为6组，化石标本1套/组，化石模型、教学挂图、教学幻灯片1套/班，放大镜(10倍左右)1个/人，电教设备1套/班。

六、实验提示

实验重点和难点：脊椎亚门的分纲，各纲主要特征，各纲繁盛阶段及它们之间的演化关系。以鱼类、爬行类、哺乳类为主，阐明各类的进步性和进化意义。脊椎动物的进化关系：无颌类—鱼类—两栖类—鸟类—爬行类—哺乳类。

七、作业及思考题

1. 思考脊椎动物发展史研究中的新进展及存在问题。
2. 撰写综合性实验报告。

八、知识扩展阅读材料

脊椎动物演化与人类起源专题研究综述

生物进化史上，发生过一些重大的事件(图 10-1)。这些重大事件的意义超过各种一般性事件的总和，具有革命的性质，深远地影响着后来的进化方向。

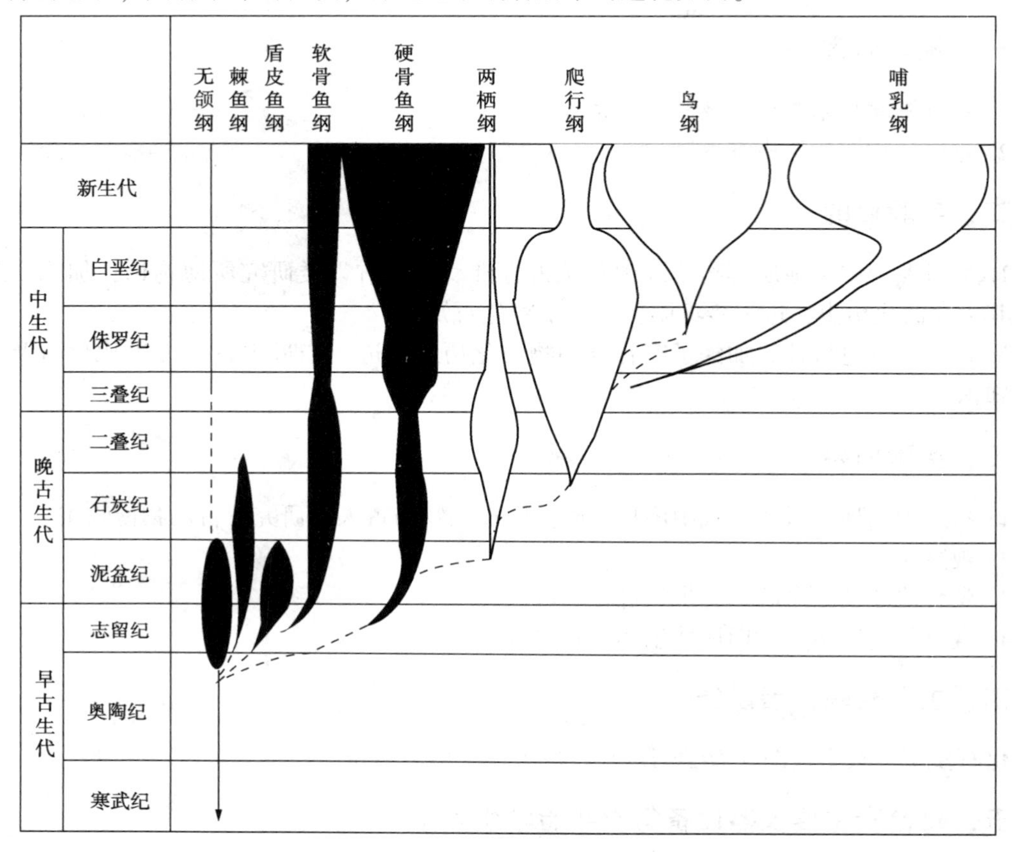

图 10-1　脊椎动物演化

1. 脊椎动物第一次革命是颌的起源

脊椎动物的演化第一步就经历了颌骨的演变，由早期的无颌类逐步演化出了有颌类，颌的出现使动物体主动攻击捕食成为可能，变被动为主动。早期的动物向较晚期的动物进化的过程，实际上是通过其结构由具有一种功能向具有另一种功能转变来完成的。颌就是由一些原来执行的功能与取食无关的结构转变而来的。

甲胄鱼类鳃由一系列骨骼构造支撑，每一构造由数节骨骼组成，形状像尖端指向后方的躺着的“V”字形。每一个这样的“V”字形构造称为一个鳃弓。原始脊椎动物所有的鳃弓排列成左、右两排横卧的“V”字形结构。

在脊椎动物进化早期阶段，原来前边的两对鳃弓消失了，第三对鳃弓上长出了牙齿，并在“V”字形的尖端处形成关节结构铰接在一起，能够张合自如、有效地咬啮食物的上、下颌形成了。伴随着上下颌的出现，真正的偶鳍也开始在这些原始的有颌类脊椎动物身上出现。迄今发现的最原始的有颌类是盾皮鱼类(纲)，出现于志留纪晚期，在泥盆纪曾经繁盛一时。

泥盆无颌鱼形脊椎动物达到了繁盛时期，各种各样的的化石在世界各地都有发现。它们没有上、下颌骨，作为取食器官的口不能有效地张合，只能靠吮吸甚至仅靠水的自然流动将食物送进嘴里食用，在动物分类上被统归于鱼形总目的无颌纲。此外，它们没有真正的偶鳍，中轴骨骼还只是软骨质而不是真正的骨质(即硬骨质)。有代表性的无颌类身体前部的体表具有骨板或鳞甲，彼此相连就像古代武士的铠甲一样起着保护身体的作用，因此一般又将它们称为甲胄鱼类。甲胄鱼类在地质历史上的分布比较局限，可能起源于奥陶纪，延续到泥盆纪，莫氏鱼可能就是那些祖先类型的残余。甲胄鱼类在泥盆纪发展成为适应于各种水生生态环境和具有各种生活习性的一大类群动物，可谓取得了暂时的成功。当许多沿着不同进化路线迅速发展起来的更为进步的有颌类脊椎动物从泥盆纪开始逐渐兴起之后，无颌的甲胄鱼类最终在生存竞争中失败了。到了泥盆纪末期，除了少数适应于某种特殊的生活方式的残余种类之外，绝大多数甲胄鱼类退出了历史舞台。

迄今发现的最原始的有颌类是盾皮鱼类，它们最早出现于志留纪晚期，在泥盆纪曾经繁盛一时。盾皮鱼类有保护身体的骨甲，一般包裹在身体的前部。甲胄鱼类的骨甲是一块将身体全部装入其中的、不分块、不能活动的筒状物；而盾皮鱼类的骨甲分成几块，而且彼此之间能够活动，这样就使盾皮鱼类比甲胄鱼类在行动上灵活许多。盾皮鱼类的这些优势使得它们在生存竞争中能够压倒甲胄鱼类，到了泥盆纪时发展成为种类繁多的类群。它们包括节颈鱼目、扁平鱼目、胴甲鱼目、硬鲛目、叶鳞鱼目、褶齿鱼目和古椎鱼目。在这些类群中，最繁盛的是节颈鱼类和胴甲鱼类。

鱼类向两栖类演化：“已经发现的生活在泥盆纪时代的鱼类化石大多存在于非海洋环境中，即主要生活在内陆的河流、湖泊、滨海河口或海陆过渡环境中，由此说明，这一时期鱼类的繁盛是脊椎动物征服大陆的一个极为重要的标志。”

早泥盆纪的鱼类以无颌类为主，它们还没有演化出上、下颌，没有骨质的中轴骨骼或脊柱，通常靠滤食水体中小型的生物或微生物为生，主动捕食能力非常差，迁徙及扩散能力也十分有限，地域性十分强烈。其中，无颌类主要包括三大演化支系：骨甲鱼类、异甲鱼类和盔甲鱼类。

中晚泥盆纪的鱼类主要以盾皮鱼类为主，主要包括胴甲鱼类、节甲鱼类、瓣甲鱼类等，虽然出现了上、下颌的分化，但它们的头部及躯干的前部仍都披有厚重的“甲胄”，身体的灵活性不高。到了泥盆纪末期，它与无颌类中的三大主要支系——骨甲鱼类、异甲鱼类和盔甲鱼类一起全部退出了生物演化的舞台；然而也就是在晚泥盆纪时期，生物在征服大陆的过程中终于迈出了巨大的一步，这就是鱼类向两栖类的演化，最早的四足动物开始登上了生物演化的舞台。

泥盆纪是生物界发生重大变化的时期，复杂的陆地生态系统的形成，最初的森林形成，以及多样化的无脊椎动物与脊椎动物由海洋环境进入到了陆地环境。这一时期的化石材料十分丰富，作为当时地球上最高等的脊椎动物，鱼类开始辐射演化并伴随着多次灭绝，包括硬骨鱼类、肉鳍鱼类、四足动物的起源等许多重要的生物事件都发生在这一地史时期。

古时地球的外貌与今天的大不相同，而距今约4.1亿~3.55亿年的泥盆纪是发生过重大变迁的一个地质年代。泥盆纪是晚古生代的第一个纪，这一时期全球的板块分布格局、沉积特征和生物演化方面都具有显著的特点，如出现了陆生植物、非海相鱼类的繁盛等，生物也从此开始了征服大陆的演化过程。因此，对泥盆纪时代的研究将有助于人们更好地了解远古时期生物、地质和气候的演化过程。泥盆纪是脊椎动物演化的一个十分重要的时期，在地史上常被称为“鱼类时代”。这一时期的鱼类不仅十分丰富，门类齐全，演化、分异迅速，而且许多海生鱼类开始进入非海洋环境，其生态和生理机能发生了重大改变，分布地区也大为增加，是脊椎动物由海洋环境拓展到非海洋环境的一个重要时期。目前，已发现的泥盆纪鱼类化石包括无颌类、盾皮鱼类、棘鱼类、软骨鱼类、硬骨鱼类等所有类型。由于它们大多为全球分布，为开展全球性的泥盆纪科学研究和理论探索提供了极为有利的条件。

泥盆纪期间，除了以鱼类为代表的脊椎动物外，还发现有大量的植物及海洋无脊椎动物。植物主要以繁盛的裸蕨类为主，另外，从早泥盆世晚期以后还开始出现原始的石松类、真蕨类、原始裸子植物等，陆地植物群生态系统逐步建立。海洋无脊椎动物主要有腕足类、四射珊瑚、床板珊瑚、三叶虫、菊石、介形虫类等。近年来，由于大量有着明显地域分布特征的泥盆纪鱼类化石的发现，使得泥盆纪脊椎动物地理区系划分的研究在泥盆纪生物古地理学，以及与其相关领域的研究中正发挥着越来越重要的作用。

2. 两栖动物的起源

两栖动物是第一个登陆者，身体机能尚不完全，未能完全摆脱对水的依赖。在幼、成年间有一次变态过程。

从鱼到两栖类的化石代表——鱼石螈具有两栖类的特征：四足、具肺、有颈椎。同时，残留有鱼形类的特征：具鳞、具鳃盖骨残余、有鱼尾。

3. 爬行动物起源、辐射发展和恐龙绝灭

爬行动物起源于两栖动物，该观点已被化石证实（C～P），西蒙螈（*Seymouia*）同时具备了两栖类和爬行类的特征。

中生代时，恐龙繁盛一时，空中有飞翔的翼龙，水中有遨游的鱼龙，地上跑的有各式各样的恐龙，此时恐龙达到了极盛时期，因此中生代被称为“爬行动物的时代”。

恐龙从侏罗纪、白垩纪的繁盛逐步走向绝灭，并不是一个截然的地质事件。恐龙在第三纪、白垩纪界线处完全消亡，对此有多种假说，如哺乳动物兴起说、天体碰撞说等。

4. 鸟类的出现

鸟类是从爬行动物演化而来的一支适应飞翔的脊椎动物。从鸟类开始，脊椎动物演化史上再次出现一个飞跃——恒温机能。恒温使动物的新陈代谢过程在一个恒定的温度下进行，动物体机能进一步提高，也进一步摆脱了动物体对环境的依赖。

5. 哺乳动物的兴起与人类的出现

哺乳动物是动物界中最高等、机能最完善的一类，出现于中生代早期，经过中生代的发展，到新生代身体结构得到了进一步完善，是对环境的最适应者，在新生代成为地球上的统治者，所以新生代被称为“哺乳动物的时代”。

人类起源于新第三纪中新世的森林古猿中的一支，经过腊玛古猿（晚中新世到早上新世）和南方古猿（中、晚上新世）两个过渡阶段的演化，终于在上新世末—第四纪初出现了真正的人类，从而有了人类及其文化、社会形态。

距今65百万年前的白垩纪、第三纪之交，出现了地球内外圈层多种重大灾害群发事件，地球上生物界面貌又一次经历巨大变革，新生代起开始了以哺乳动物和被子植物为主宰的阶段。新生代生物界演化中最重要的事件是距今250万年前后(第四纪)人类的出现。

人类起源自古以来一直被当作一个奥秘的科学问题而长期存在。宗教界的“上帝造人”、“特创论”和科学家提出的“由猿到人”、“进化论”进行过长期激烈争论。1860年6月30日，赫胥黎在英国牛津大学举行的辩论会上挺身而出，勇敢地宣称：“人类没有理由因为他的祖先是猴子而感到羞耻。与真理背道而驰才是真正的羞耻”，迄今传为佳话。1891年，印尼爪哇梭罗河畔发现了180万年前的爪哇直立人化石，1929年，裴文中在北京周口店发现了50万年前的北京直立人(俗称北京人)化石，以及以后在欧洲、非洲等地古人类化石的陆续发现，都以可靠的科学依据证明了人猿同祖论的预言。20世纪60年代后期起开展的人类与黑猩猩、大猩猩血液蛋白质、遗传物质DNA分子等对比研究，也证实人与猿的亲缘关系最近，再次从高科技研究角度提供了新的佐证。

在从猿到人演化的动力机制方面，恩格斯首先提出劳动在从猿到人转变过程中的关键作用。他明确指出：“首先是劳动，然后是语言和劳动一起，成了两个主要的推动力，在它们的影响下，猿的脑髓就逐渐地变成人的脑髓。”恩格斯精辟地说明了从猿到人演化过程中最关键环节的奥秘。达尔文也强调“两足行走，(使用工具)技能和扩大的脑”是人类的重要特征。

史前原始人类与古猿的实质区别，在于后者仍停留在动物本能的劳动形式，只会使用天然工具，而前者已经有意识地能够自己制造工具。按照制造工具的工艺水平和相应的身体结构特征(如骨骼粗壮程度、脑容量大小、直立行走姿态等)，史前人类可以区分为猿人(含早期猿人，又称能人和晚期猿人，又称直立人)，古人(早期智人)和新人(晚期智人)，共3类，4个阶段。猿人阶段创造了旧石器早期文化，古人阶段发展为旧石器中期文化，新人阶段则从晚期旧石器转入新石器时期文化。

实验十一 地球生命演化史综合实验（专题研究二）

（2 学时，综合性）

一、教学思想及预习内容

1. 地球及其生命演化历史基本知识。

2. 开设古生物资料选读专题，选择具有普遍意义的命题，提供资料或资料目录，学生自己阅读并进一步查阅文献，在阅读的基础上写出学习体会及论评。

二、教学目的与要求

1. 目的：通过资料阅读，使学生基本上了解生命起源生物进化的基本特点、生命发展进化论的主要内容及其近年来的发展，并使学生能在一定程度上学会查阅文献，撰写科研报告。

2. 要求：阅读 5~7 篇论文，写出 3000~4000 字的论文。

三、教学内容

1. 重点：掌握生命起源的过程及生命发展的主要阶段，了解生命起源与生物进化研究中的新进展及存在问题；掌握生物进化的主要学说及生物进化的规律，了解生物进化的重大事件。

2. 专题内容(参考选题)：

(1)生命起源及其相关讨论；

(2)生物进化的概念与证据；

(3)生物演化学说；

(4)生物演化的规律、演化方式(举例说明)；

(5)生物进化主要阶段；

(6)生命起源与生物进化研究中的新进展及存在问题。

四、作业及思考题

1. 最古老生命的表现形式及存在证据。

2. 早期陆生生命及其环境背景。

3. 从生物进化角度解释物种的形成方式。

4. 生命发展史的主要阶段。

5. 撰写综合性实验报告(专题研究论文)。

五、知识扩展阅读材料

生命起源与演化专题综述

1. 地球上的生命起源

1）生命的本质

生命起源历来与宇宙成因、物质结构共同成为自然科学三大基础理论问题，有史以来人们一直在孜孜不倦地进行探讨，迄今并未终了。到底什么是生命？不同人有各种理解。信奉宗教者笃信"神的创造"和"灵魂"的存在，机械论者将生命现象与非生命现象视作完全等同，这些观点都不可能真正了解生命的本质。人类历史上第一个从辨证唯物主义观点揭示生命本质属性的是德国社会学家恩格斯，他在《反杜林论》中指出："生命是蛋白体的存在方式，这种存在方式本质上就在于这些蛋白体的化学组成部分的不断的自我更新。"简而言之，生命的基本特征就在于蛋白体(目前的理解为类似于原生质的核酸 蛋白质体系)具有的新陈代谢能力。这种能力是任何非生命都不具备的，所以生命是物质运动的最高形式。

生命(生物)与非生命(非生物界)之间并不存在不可跨越的鸿沟，构成生物体的50多种元素在非生物界里同样存在，说明两者有着共同的物质基础。生物是非生物演化到特定阶段的产物。

2）生命起源的机制

20世纪60年代以来，射电望远镜通过对宇宙空间的搜索，已经发现星际空间存在大量有机分子，至80年代初已累计达到55种，其中最重要的有15种(表11-1)。

表11-1　星际空间的15种有机分子

星际有机分子	分子式	星际有机分子	分子式	星际有机分子	分子式
氰化氢	HCN	异氰酸	$NHCO$	甲酰胺	NH_2HCO
甲醛	$HCHO$	乙腈	CH_3CN	氰基乙炔	HC_3N
硫甲醛	H_2CS	甲醇	CH_3OH	氰基辛四炔	HC_9N
甲酸	$CHOOH$	乙醇	C_2H_5OH	甲胺	CH_3NH_2
氨基氰	NH_2CN	甲基乙炔	CH_3C_2H	乙醛	CH_3CHO

星际有机分子的存在说明构成生命物质基础的有机物可以在宇宙空间的自然过程中产生，并分布于银河系、河外星系的星球上和星际空间中。但从无生命的简单有机物小分子(氨基酸、核苷酸、单糖等)→复杂有机物大分子(类蛋白质、核酸、甘氨酸等)→许多大分子聚集而形成的以蛋白质和核酸为基础的多分子体系(呈现初步的新陈代谢生命现象)，需要经过由化学演化、生命演化的连续序列和重大飞跃，在已知宇宙空间或存在热核反应的恒星条件下，是不可能实现的。因此，地球上的生命起源应当从地球早期地表环境以及物质系统自身的演化过程中去寻找原因。

地球完成初始圈层分异后，随着地表温度下降到300℃±，地球表层已经存在原始地壳(以硅镁质玄武岩为主)、原始水圈(呈强酸性)和原始火山气圈(以大量水蒸气、H_2、CO、NH_3、CH_4H_2S等为主，属于还原环境)。英国人米勒通过玻璃容器中上述混合气体的放电实验，获得了氨基酸等简单有机物。原始地球表面在紫外线、电离辐射和雷电作用下也完全可以形成这些物质，这一点已经不再有人怀疑。这些有机物汇聚到原始海洋之中，有人比喻为“生命培养汤”。在经过地壳环境的热聚合等作用促进下，逐渐完成氨基酸→类蛋白质→蛋白质这一过程，这个过程始终具有化学开放系统特征，能与周围环境不断发生物质、能量交换；在此系统内部，随着化学反应速度的提高，其有序性和方向性也相应加强，终于出现真正蛋白质合成，完成了向原始生命进化的飞跃。

有生命的原生质是一种非细胞的生命物质，进一步的演化是形成了具有保护功能的外膜，成为具有更完备生命特征的细胞，从而进入了地球历史中生物界和非生物界共同发展的新时代。

3）生命出现的时间

地球上最古老生命的记录(化石)，已在南非巴布顿地区和澳大利亚西部的燧石(一种由SiO_2胶体在海洋中沉淀形成的岩石)层中发现，主要是球状和棒状的单细胞细菌状微体化石。由于燧石的同位素年龄测定前者为38亿年，后者为35亿年，可推论当时地球上的单细胞生物已经出现(地质学上称为太古宙早期)。在此发现之前，有人从地球化学角度依据^{12}C、^{13}C碳同位素比率(仅^{13}C与生命物质有关)，也推论地球上生命过程开始于38亿年前。上述两个渠道所获结论一致，比较可信。

2. 生物圈的形成与发展

地球上自出现原始生命至形成现在丰富多彩的生物圈大千世界，无论在生物门类、属种数量、生态类型和空间分布等方面都经历了巨大的变化。因此，生物圈的形成和发展也经历了漫长和复杂的历史。

1）厌氧异养原核生物阶段

38亿年前出现的原始生物，根据当时的大气圈、水圈和岩石圈物理、化学条件，推测应属还条件的厌氧异养原核生物类型，即还没有细胞核膜分异，不能自己制造食物，主要靠发酵原始海洋中丰富的有机质以获得能量，并营造自身。现代洋底热泉喷溢处发现在200～300℃热水中就存在这类极端环境下生存的生物，可以进行类比。太阳系类地行星上(含木卫二等大型卫星)如果存在生命，最可能也属于此类型。这种生物受到地表特殊环境空间分布的局限，不可能覆盖全球，因此不等于地球生物圈已经形成。

2）厌氧自养生物出现和生物圈初步形成

海洋中特殊部位有机物的生产量是有限的，异养生物繁殖到一定程度就会面临“食物危机”。环境压力促进了生命物质的变异潜能，从而演化出厌氧自养原核生物生物新类型。尤其是能进行光合作用的蓝细菌，可以还原CO_2产生O_2并合成有机化合物。在生态方式上也转变为浮游于海洋表层，从而可以扩散到全球海洋和陆地边缘浅水带，标志着地球生物圈的初步形成。

从地球上已发现的化石证据来看，加拿大苏必利尔湖北岸距今20亿年前(地质学上称为元古宙早期)的燧石层中出现8属12种菌藻类微生物化石，就是本阶段的典型代表。生物属种数量虽有增加，但分类上仍属原始的单细胞原核生物。海生藻类的光合作用引起大气游离氧的增加，使还原大气圈演变为氧化大气圈，显示了地球不同圈层演化之间存在密切的联系和制约关系。

20世纪70年代英国地球物理学家洛维洛克重新强调了生物对地球环境的影响和控制作用，并借用古希腊神话中大地女神盖雅的名字，提出了盖雅假说(Gaia hypothesis)。该假说认为：根据天体物理学研究证明，自地球形成以来的46亿年中太阳幅射强度增加了约30%(其中5%增加于显生宙期间)。理论上说，太阳辐射强度±10%就足以引起全球海洋蒸发干涸或全部冻结成冰。但地质历史记录却证明，地球上尽管发生过大冰期和暖热期交替变化，但地表的平均温度变化仅在10℃上下。上述事实表明地球上存在某种内部自动平衡，其中生物界起了关键性的积极作用。

3）真核生物出现和动物界爆发演化

随着大气中氧含量逐渐增加，喜氧生物开始代替了厌氧生物的主体地位(后者继续生存于海底局部还原环境)。由于有氧呼吸捕获能量的效率高出无氧呼吸约19倍，明显提高了新陈代谢速度，导致了细胞核与细胞质分化的真核生物新类型的出现。真核生物出现了有性生殖、多细胞体型待征，并开始了动植物的分异。我国燕山山脉的蓟县串岭沟地区已经发现距今17.5亿年的真核生物，证明这次飞跃大约发生在约18亿年前(元古宙中期)。从印度、美国、加拿大等地的化石分布来看，真核生物在全球的繁盛期大约在10亿年前(元古宙晚期)。

地球上软躯体动物的首次爆发演化发生于约6亿年前(元古宙末期)。由于最早发现于澳大利亚南部伊迪卡拉山，因而称为伊(埃)迪卡拉动物群。早期的研究者根据它们的形态和水母(腔肠动物)、蠕虫(环节动物)和海绵(海绵动物)等相似，在生物分类上也一一对号入座。但德国古生态学家赛拉赫指出，这些裸露动物不存在摄食和消化器官，是一种营自养生活的特殊生物门类，根本不同于显生宙出现的生物类型。该动物群呈爆发式突然出现，延续不久又发生整体规模的大量绝灭(集群绝灭)，速度之快令人瞩目。赛拉赫的解释是：它们代表地球上首次出现，但其演化途径并不成功的特殊生物门类。该动物群演化过程中的内因(自身组织结构和演化趋势是躯体面积增大，体腔极薄，内部器官发育不良，呼吸、摄食功能全部在身体表面进行，不存在介壳保护层。与现代大型寄生生物 条虫有相似之处)和外因(元古宙末外界自然地理环境条件发生急剧变革)之间的复杂关系，已引起广大科学家的关注，成为地球科学基础理论研究的热点之一。

有壳动物的出现和突发演化，出现在5.3亿年前(显生宙初期)。“寒武纪生命大爆发”被称为古生物学和地质学上的一大悬案，自达尔文时期以来就一直困扰着进化论等学术界。大约5亿4200万年前到5亿3000万，在地质学上被认为是寒武纪的开始时间，寒武纪地层在2000多万年时间内突然出现门类众多的无脊椎动物化石，而在早期更为古老的地层中，长期以来没有找到其明显的祖先化石，这一现象被古生物学家称作“寒武纪生命大爆发”，简称“寒武爆发”。这也是显生宙的开始。

在约5.3亿年前，一个被称为寒武纪的地质历史时期，地球上在2000多万年时间内突然涌现出各种各样的动物，它们不约而同地迅速起源、立即出现。节肢、腕足、蠕形、海绵、脊索动物等一系列与现代动物形态基本相同的动物在地球上“集体亮相”，形成了多种门类动物同时存在的繁荣景象。

中国云南澄江生物群、加拿大布尔吉斯生物群和凯里生物群构成世界三大页岩型生物群，为寒武纪的地质历史时期的生命大爆发提供了证据。

达尔文在其《物种起源》的著作中提到了这一事实，并大感迷惑。他认为这一事实会被用作反对其进化论的有力证据。但他同时解释到，寒武纪的动物的祖先一定是来自前寒武纪的动物，是经过很长时间的进化过程产生的；寒武纪动物化石出现的“突然性”和前寒武纪动物化石的缺乏，是由于地质记录的不完全或是由于老地层淹没在海洋中的缘故。

这就是至今仍被国际学术界列为“十大科学难题”之一的“寒武纪生命大爆发”。依照传统和经典的生物学理论，即达尔文生物进化认为，生物进化经历了从水生到陆地、从简单到复杂、从低级到高级的漫长的演变过程，这一过程是通过自然选择和遗传变异两个车轮的缓慢滚动逐渐实现的，中国的科学家通过古化石研究向这一权威理论提出了挑战。在国际上被誉为“20世纪最惊人的发现之一”的澄江生物群，就为探索“寒武纪生命大爆发”的奥秘开启了一扇宝贵的科学之窗。1984年，“澄江生物群”在云南省澄江县首次被发现，这一多门类动物化石群动物类型众多，且十分珍稀地保存了动物软体构造，首次栩栩如生地再现了远古海洋生命的壮丽景观和现生动物的原始特征，以丰富的生物学信息为“寒武纪大爆发”研究提供了直接证据。现已描述的澄江生物群化石共120余种，分属海绵动物、腔肠动物、鳃曳动物、叶足动物、腕足动物、软体动物、节肢动物、棘皮动物、脊索动物等十多个动物门以及一些分类位置不明的奇异类群，此外，还有多种共生的海藻。“澄江生物群”的不断挖掘发现和深入系统研究，证实了现生动物门和亚门以及复杂生态体系起源于寒武纪早期，挑战了自下而上倒锥形进化理论模型，为自上而下的爆发式理论模型提供了化石证据。

显然，在元古宙与显生宙之交后生动物大规模占领浅海生态领域的竞争中，伊迪卡拉动物群代表的演化途径失败了，导致总体集群绝灭。而澄江动物群代表的演化途径成功地经受了环境剧变考验，为显生宙动物界的大量发展奠定了基础。在上述两个动物群之间，还存在由仅见虫管不见化石到出现小型带壳动物群的过渡阶段，代表伊迪卡拉动物群绝灭后带壳动物群的形成过程。

4）生物登陆和全球生物圈建立

自从地球上出现生命以来，古代海洋一直是生物界生存、发展的摇蓝和生活家园。这种情况从距今4亿年前(志留纪晚期和泥盆纪早期)起发生了重要转折，以原始陆生植物(矮小的裸蕨类)和淡水鱼类在滨海平原和河、湖环境大量繁盛为标志，开创了生物占领陆地的新时代。生物圈的空间范围也首次由海洋伸向陆地。至3.7亿年前(泥盆纪晚期)，半干旱气候下河、湖的周期性干涸，促进了某些鱼类(肉鳍粗壮的总鳍鱼类)逐渐演变为两栖类。两栖类摆脱了终生不能离开水体的局限，在陆地上获得了水域附近更多的活动范围。距今约3亿年前(石炭纪晚期至二叠纪早期)，植物界已出现茂密高大的森林，而且能适应热带、亚热带至冷温带不同气候条件，地质历史上第一次出现聚煤作用高峰期。与此同时，动物界中出现了通过羊膜卵方式在陆上繁殖后代的爬行类，由此个体生活史完全摆脱了对水域的依赖，从而适应了更加广阔多变的陆上生态领域。在距今约2.5亿年前(二叠纪、三叠纪之交)，全球范围古地理、古气候环境发生了显著变革。海洋中的动物界发生了显生宙内最大的集群绝灭事件，陆地动植物界也发生了重要变革，先前适应近水环境潮湿气候的两栖类、石松类(可高达30~40m)、节蕨类等明显衰减，被更为进步的爬行类和裸子植物(松柏、苏铁和银杏类)所取代，更能适应陆地上不同气候带和海拔高度的多种生态领域。从严格意义上说，地球上完整生物圈从泥盆纪起开始伸向陆地，至二叠纪才包括大陆和海洋全部生态领域。

5）生物征服天空和陆生动物重返海洋

2.5亿前开始了地球历史中的中生代阶段，中生代也称裸子植物时代和爬行动物(尤以恐龙类最为著名)时代。我国四川盆地发现距今约1.6亿年(侏罗纪晚期)的马门溪龙(一种素食的蜥脚类恐龙)，身长达到22m，体重估计有30~40t，完全可以和美国科幻影片《侏罗纪公园》里的角色媲美。我国辽西北票四合屯等地近年发现了距今约1.4亿年(侏罗纪、白垩纪之交)世界上最丰富的原始鸟类动物群(孔子鸟等)，在国际学术界引起了轰动。在阐明鸟类起源和生物征服天空方面，我国古生物学家作出了卓越的贡献。

中生代陆生爬行动物的另一个有趣演变方向是重返海洋生活，出现了体型适合游泳的鱼龙、蛇颈龙等类型。一般认为中生代时全球规模的联合古陆发生的重要分裂、漂移作用可能是促使陆生动物重新下海的外部因素。

6）人类起源和演化中心

距今65百万年的白垩纪、第三纪之交，出现了地球内、外圈层多种重大灾害群发事件，地球上生物界面貌又一次经历巨大变革，新生代起开始了以哺乳动物和被子植物为主宰的阶段。新生代生物界演化中最重要的事件是距今约250万年(第四纪)人类的出现。

人类起源自古以来一直被当作一个奥秘的科学问题而长期存在。宗教界的“上帝造人”、“特创论”和科学家提出的“由猿到人”、“进化论”进行过长期激烈争论。1860年6月30日，赫胥黎在英国牛津大学举行的辩论会上挺身而出，勇敢地宣称：“人类没有理由因为他的祖先是猴子而感到羞耻。与真理背道而驰才是真正的羞耻”，迄今传为佳话。1891年，印尼爪哇梭罗河畔发现了180万年前的爪哇直立人化石，1929年，裴文中在北京周口店发现了50万年前的北京直立人(俗称北京人)化石，以及以后在欧洲、非洲等地古人类化石的陆续发现，都以可靠的科学依据证明了人猿同祖论的预言。20世纪60年代后期起开展的人类与黑猩猩、大猩猩血液蛋白质、遗传物质DNA分子等对比研究，也证实人与猿的亲缘关系最近，再次从高科技研究角度提供了新的佐证。

在从猿到人演化的动力机制方面，恩格斯首先提出劳动在从猿到人转变过程中的关键作用。他明确指出：“首先是劳动，然后是语言和劳动一起，成了两个主要的推动力，在它们的影响下，猿的脑髓就逐渐地变成人的脑髓。”恩格斯精辟地说明了从猿到人演化过程中最关键环节的奥秘。达尔文也强调“两足行走，(使用工具)技能和扩大的脑”是人类的重要特征。

史前原始人类与古猿的实质区别，在于后者仍停留在动物本能的劳动形式，只会使用天然工具，而前者已经有意识地能够自己制造工具。按照制造工具的工艺水平和相应的身体结构特征(如骨骼粗壮程度、脑容量大小、直立行走姿态等)，史前人类可以区分为猿人(含早期猿人，又称能人和晚期猿人，又称直立人)，古人(早期智人)和新人(晚期智人)，共3类，4个阶段。猿人阶段创造了旧石器早期文化，古人阶段发展为旧石器中期文化，新人阶段则从晚期旧石器转入新石器时期文化。

地球上已知最早的猿人化石及其制造的石器，出现在250万年前的东非坦桑尼亚、埃塞俄比亚和肯尼亚地区。因为欧亚大陆等地迄今尚未发现早于250万年前的猿人化石和石器，国际上一般认为非洲是人类起源的唯一发祥地。我国云南元谋县境内，1956年发现了175万年前已学会用火的元谋直立人，1986~1987年发现了250万年前“东方人”的牙齿和共生的骨器，1988年又发现300万~400万年前的人猿类头骨化石。

实验十二　古生物化石系统综合鉴定与应用

（2学时，综合性）

一、预习内容

系统、综合地复习古生物学课程内容。

二、实验目的与要求

1. 全面总结古生物学的基本知识和基本方法。

2. 学会系统鉴定古生物化石标本的基本方法和程序，要求能对未知古生物化石标本进行综合系统鉴定。

3. 通过实际案例分析，了解古生物化石在生物地质、能源地质、古气候和古环境方面的应用，重点了解微体古生物化石在油气资源勘探与开发中的应用，注重培养学生的地学思维和应用微体化石解决实际问题的能力。

三、实验内容

1. 古生物化石的综合鉴定。观察鉴定未知古生物化石的标本（4~6块），写出未知化石的鉴定特征，并对化石进行系统命名，确定其分类位置及时代分布。

2. 古生物化石在地质勘探与开发实践中的综合应用分析；搜集资料或整理分析地质勘探与开发生产实际材料；利用古生物化石所包含的各种信息，认真进行实际案例分析。

四、主要实验仪器设备

化石标本（手标本、薄片），生物显微镜，体视显微镜，放大镜。

五、每台套主要仪器设备每次实验学生数

化石标本1套/人（薄片1片/人，手标本1套/人），生物显微镜，体视显微镜1台/人，放大镜（10倍左右）1个/人。

六、实验提示

化石观察描述方法：手标本和显微镜镜下鉴定，应该仔细观察和描述化石的壳体形态、壳体的外部构造和内部构造基本特征，综合古生物学基础知识和化石鉴定技能，独立鉴定未知古生物化石类别，并准确定名。

七、作业

独立鉴定未知古生物化石标本，并准确定名，确定其分类位置及时代分布，写出完整的化石鉴定报告。

八、知识扩展阅读材料

化石的研究意义及应用

古生物学是地球科学重要的基础学科，它是随着地质事业的进展而发展起来的。古生物学与地质学及生物学都有着极为密切的关系，三者相互促进，不断发展。古生物学的研究对于地质学和生物学都具有重要的理论与实践意义。

1. 确定相对地质年代，进行地层划分和对比

地层是研究地球发展历史的物质基础。不同地质历史时期所形成的地层保存着不同的化石类群或组合，化石在地层中的分布顺序清楚地记录了有生物化石记录以来地球发展的历史。古生物是进行相对地质年代测定和在全球范围内进行时间对比的最好依据。显生宙全球地质年代表和年代地层系统建立的主要依据为古生物进化的阶段性特点。地球历史由老到新被划分为大小不同的演化阶段，构成了不同等级的地质年代单位。按地质历史中生物的演化阶段，可以建立不同级别的地质年代单位及其相对应的年代地层单位(表 12-1，表 12-2)。根据生物演化最大的阶段性，即生命物质的存在与否及其存在方式，可将地球发展的历史划分为太古宙、元古宙和显生宙。太古宙为最古老的地质历史时期，是生命起源和原核生物进化时期；元古宙是原始真核生物演化的时代；显生宙后生动植物大量发生和发展，是生物显著出现的时代。显生宙根据生物演化的主要阶段又分为古生代(Palaeozoic)、中生代(Mesozoic)和新生代(Cenozoic)，其中的“生(-zoic)”，即生物，尤其指动物，其下可依次分为纪、世、期。一般来说，代是用动物或植物的某些纲或目的演化阶段进行划分；纪是用动物或植物的某些科或属以及植物的属或种的出现或绝灭来划分；世是根据动物的亚科或属以及植物属种划分的；期的划分依据一般为化石带。

表 12-1　地质年代单位及年代地层单位与生物演化阶段划分

地质年代单位	年代地层单位	生物演化单位的级别及特点
宙	宇	根据生物演化最大的阶段性，即生命物质的存在及方式划分
代	界	根据生物界发展的总体面貌以及地壳演化的阶段性划分
纪	系	依据生物某些纲或目的演化的阶段性划分
世	统	根据生物目或科演化的阶段性划分
期	阶	主要是根据属、种级的生物演化特征划分
时	时带	主要是根据属、种级的生物演化特征划分

表 12-2　地质年代表及年代地层表与生物演化阶段

地质时代(地层系统及代号)				同位素年龄值/Ma	生物演化阶段
宙(宇)	代(界)	纪(系)	世(统)		
显生宙(宇)	新生代(界) Kz	第四纪(系)Q	全新世(统)Q_h	0.01	
			更新世(统)Q_p	2.5	人类出现
		新近纪(系)N	上新世(统)N_2	23	
			中新世(统)N_1		
		古近纪(系)E	渐新世(统)E_3	65	
			始新世(统)E_2		
			古新世(统)E_1		
	中生代(界) Mz	白垩纪(系)K	晚白垩世(统)K_2	145	被子植物出现
			早白垩世(统)K_1		
		侏罗纪(系)J	晚侏罗世(统)J_3	200	鸟类出现
			中侏罗世(统)J_2		
			早侏罗世(统)J_1		
		三叠纪(系)T	晚三叠世(统)T_3	251	哺乳动物出现
			中三叠世(统)T_2		
			早三叠世(统)T_1		裸子植物出现
	古生代(界) Pz	二叠纪(系)P	晚二叠世(统)P_2	299	
			早二叠世(统)P_1		
		石炭纪(系)C	晚石炭世(统)C_2	359	
			早石炭世(统)C_1		
		泥盆纪(系)D	晚泥盆世(统)D_3	416	
			中泥盆世(统)D_2		
			早泥盆世(统)D_1		
		志留纪(系)S	晚志留世(统)S_3	428	裸蕨植物出现
			中志留世(统)S_2		
			早志留世(统)S_1		维管植物产生
		奥陶纪(系)O	晚奥陶世(统)O_3	488.	
			中奥陶世(统)O_2		
			早奥陶世(统)O_1		
		寒武纪(系)Є	晚寒武世(统)$Є_3$	542	生物大爆发
			中寒武世(统)$Є_2$		
			早寒武世(统)$Є_1$		
元古宙(宇)	新元古代(界)Pt_3			1000	
	中元古代(界)Pt_2			1600	
	古元古代(界)Pt_1			2500	真核生物出现

续表

地质时代(地层系统及代号)				同位素年龄值/Ma	生物演化阶段
宙(宇)	代(界)	纪(系)	世(统)		
太古宙(宇)	新太古代(界)Ar_4			2800	
	中太古代(界)Ar_3			3200	
	古太古代(界)Ar_2			3600	原核生物出现
	始太古代(界)Ar_1				

古生物资料是进行地层划分、对比的首要依据。地层工作的首要任务是主要采用古生物学方法确定地层的相对地质年代并进行地层对比(图 12-1)。能用以确定地层地质年代的化石称为标准化石(index fossil，guide fossil)。标准化石应具备时代分布短、地理分布广、形态特征明显、个体数量多等条件。运用标准化石划分和对比地层时，还应注意下列 3 点：(1)对于标准化石的概念，不能单纯理解为某些个别的属种，只要符合上述标准化石条件，即使是科或目，都可以成为标准化石。一般来说，地层单位分得愈细，标准化石所属分类级别就愈低。(2)在理论上，生物是随着时间而在不断地发展进化的，每种古生物都有可能具有划分地层的意义。在实践上，化石对于划分地层的作用，完全取决于人们对古生物研究的程度和认识水平的提高。如有些化石，过去认为它们存在的时间较短，曾把它们作为划分较小年代地层单位的依据，但是随着研究的深入，发现它们存在的时间要较原来知道的时间为长，因而也就改变了它们在划分地层上的意义。(3)某一类生物从发生到绝灭，都要经历兴起、繁盛、衰落 3 个阶段，地理分布范围也存在从局部、广布到缩小的过程。在分布广的繁荣时期，易于保存化石。某类生物在其发生时期和临近绝灭时期保存下来的化石，我们分别称之为某类生物的“先驱”和“孑遗”。很明显，这种“先驱”和“孑遗”所代表的地质时代与标准化石代表的时代是有所不同的。“先驱”和“孑遗”所生存的时代，分别早于或晚于标准化石的时代。

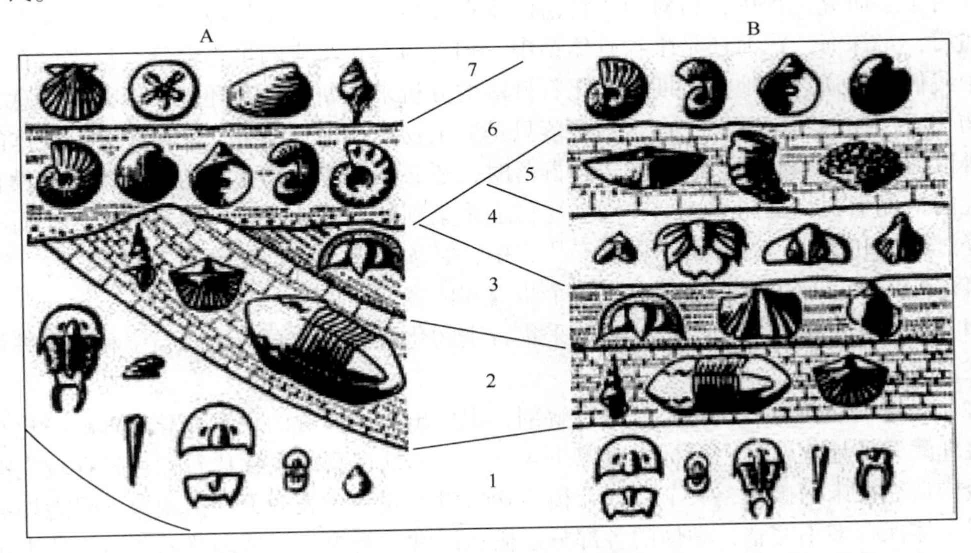

图 12-1　化石应用于地层划分与对比

(据 Moore、Lalicker、Fischer，1952)

2. 重建古地理和古气候

古生态环境与古生物之间的互相作用、互相影响的关系使得我们有可能通过对古生物化石的研究来分析和推断古生物生活环境的特征。

应用古生物学来分析环境的方法和手段有多种，常用的方法包括指相化石法、形态功能分析法和群落古生态分析法。

1）指相化石法

所谓指相化石是指能够反映某种特定的环境条件的化石。如造礁珊瑚只分布在温暖、清澈、正常盐度的浅海环境中，所以如果在地层中发现了大量的造礁珊瑚，就可以用来推断这种特殊的环境条件。再如舌形贝(*Lingula*)一般生活在浅海潮间带环境中。

2）形态功能分析法

解释古代生物的生活方式，除利用现代生物进行将今论古对比外，还可以利用形态功能分析的方法。所谓形态功能分析法就是深入地研究化石的基本构造，力求阐明这些构造的功能，并据此重塑古代生物的生活方式。形态功能分析的原理建立在生物的器官构造必须和外界生存条件相适应的基础上。在生物进化过程中，功能对器官和构造的变化起着重要的作用。生物的形态和生理同环境相适应是在生物长期进化过程中受到外界环境条件不断的作用和影响迫使生物不断地改变自身而形成的。如穿山甲、旱獭等穴居生物由于长期适应地下挖洞生活，使其四肢具有强健的爪子；而鱼类等由于长期适应游泳生活，则使其身体呈流线型并具有一些与游泳生活相适应的器官系统。再如生活在浅水动荡环境中的生物，其壳体一般较厚，因为厚壳有利于保护自己，而壳薄、纤细的生物(如笔石等)则多适应于相对静水的环境中。

3）群落古生态分析法

群落古生态分析法主要是根据群落的生态组合类型来分析古环境，并根据不同生态类型的群落在纵向上的演替来分析、推断古环境的演化过程。

在古生态研究过程中，将对应于群落的生存环境单位称为小生境或生态位。无论是潮间带、浅海、半深海、深海还是生物礁体系中，均有与之相对应的生物群落。反之，在古生态研究中我们可以通过对地史时期生物化石群落的分析来推断其生存环境。但必须注意，由于古生物化石保存的不完整性，古生物群落只是原生物群落的一部分，大部分不具硬体的生物一般难以保存下来。同时，研究古生物群落时，还必须考虑生物化石的原地性。在没有弄清原地性的情况下，将在同一地点、同一层位上采集到的一群化石统称为化石组合，而不管其是否经过改造和搬运。在群落的古生态研究中，必须考虑到生物埋藏的原地性。

群落的古生态研究一般包括以下几个步骤和内容。

(1) 在被研究的地层中尽可能多地采集古生物化石，对化石产出的层位和岩性进行登记和描述。

(2) 对每一层位上的化石组合进行解剖，识别出原地埋藏的化石和异地理藏的化石。辨别原地埋藏和异地埋藏的主要标志有以下4点：①原地埋藏的生物化石往往保存较完整，表面细微构造往往未遭破坏，关节及铰合衔接构造没有脱落，表面无磨损现象。异地埋藏的化石群，个体保存多不完整，硬体的各部分经搬运后常遭磨损。原地埋藏的化石个体大小极不一致，包含有不同生长发育阶段的个体。异地埋藏的化石个体由于在搬运过程中的分选作用，常常个体大小较一致。此外生物保持原来生活时状态的为原地埋藏，异地埋藏的生物不保持其原来的生长状态。②遗迹化石大多为原地埋藏，除粪化石及蛋化石等可能为异地埋藏外，其他如足印、钻孔及潜穴等由于其铭刻在沉积物表面或内部，不能被搬运，故均为原地埋藏。③化石的生态类型与其沉积环境的一致性，原地埋藏的化石群所反映出来的生态特征与其围岩所反映出来的沉积环境相一致。异地埋藏的化石群所反映出来的生态特征常与围岩所反映出来的沉积环境相矛盾，或几种不同生态环境下生活的生物化石保存在一起。④不同时代的化石保存在一起时，老的化石应该属于异地埋藏。这种情况往往是由于保存在老地层中的化石被重新风化剥蚀出来而后再次沉积到新地层中所造成的。

(3) 在确定原地埋藏和异地埋藏之后，就要对原地埋藏的化石进行群落的丰度和分异度的统计。所谓丰度是指群落中各个物种中个体数量的百分比；分异度是指群落中物种数量的多少，即物种的多样性情况。每种生物在群落中所占的百分比可以用直方图来表示。

(4) 通过对群落的丰度的统计来确定群落中的优势种、次要种和特征种，并对各个群落进行命名，群落常以其优势种的名称来命名。

(5) 通过对群落的分异度的统计，可以确定群落中种群的数量，根据各种群的生态习性来进一步弄清各群落中的营养结构及群落内部能量的流动情况。必须指出，由于古生物化石保存的不完整性，构成古生物群落的化石往往只是原来群落的一部分。

(6) 根据群落在被研究的地层剖面上的垂直分布及群落类型自下而上的演替，就可以推断沉积环境从早期到晚期的变化情况。其中生物的生活习性是指示环境的一个标志，底栖生物、浮游生物、游泳生物、遗迹化石类型、孢粉类型等都可以用来指示不同的生活环境。分异度是指示生态环境的一个标志，分异度越高，即种群的数量多，则说明该环境适合多种生物的生长，其环境应该较优越；分异度越低，说明其环境只适合少数物种的生活，其环境条件相对较动荡多变。

3. 解释地质构造问题

对地层中生物组合面貌在纵向或横向上变化的研究，有助于对地壳运动的解释。例如现代的造礁珊瑚，在海水深 20~40m 的较浅水区内繁殖最快，深度超过 90m 时就不能生存，向上越出水面，生长就停止。很明显，只有海底连续下沉，珊瑚礁才能连续地生长。因此，珊瑚礁岩层的厚度可以用作研究地壳沉降幅度的依据。又如，我国喜马拉雅山希夏邦马峰北坡海拔 5900m 处第三纪末期的黄色砂岩里，曾找到高山栎(*Quercus semicarpifolia*)和黄背栎(*Quercus pannosa*)化石，这种植物现今仍然生长在喜马拉雅山南坡干湿交替的常绿阔叶林中，生长地区的海拔大致在 2500m 左右，与化石地点的高差达 3400m 之多。由此可以看出，希夏邦马地区从第三纪末期以来的 200 多万年期间，已上升达 3000m 左右，这是运用化石研究地壳上升幅度的很好例证。

古生物对于研究岩石变形也有很大的意义。在研究岩石变形的应力和应变中，确定“应变椭球”的长轴和短轴以及长轴定向是很重要的。在这方面运用变形的化石去测定应变椭球的这些要素，比用变形岩石中的结核、鲕粒、砾石等去测量要更方便和准确。这是因为化石容易发现，其原始外形可精确获知，特别是呈印模方式保存下来的化石，其变形与围岩相同，化石体的变形容易与未变形的化石比较，可以通过计算恢复其变形前的状态，从而为地质构造变动的研究提供可靠的信息(图 12-2)。

4. 验证大陆漂移

20 世纪初，魏格纳(A. Wegener)收集了多方面的证据，推论北美和欧亚、南美和非洲

(a) 未变形化石

(b) 变形的化石

图 12-2　腕足类化石的变形效应(据 Ramsay，1967)

曾在地质时期拼接在一起，提出大陆漂移学说。北美与欧亚大陆曾拼接成为劳亚大陆(Laurasia)，隔古地中海(Tethys)与南方的南极洲、澳大利亚、印度、非洲及南美拼合而成的冈瓦纳大陆(Gondwanaland)相望。劳亚大陆和冈瓦纳大陆主要在中生代时解体，各大陆向它们现在的位置移动。大陆漂移的观点得到了古生物学的很多佐证。淡水爬行动物中龙(*Mesosaurus*)见于南美和非洲早二叠世地层中，这类动物不可能游入大洋。冈瓦纳大陆在石炭纪至三叠纪时有广泛的冰川沉积，植物群比较贫乏，但其特征植物舌羊齿(*Glossopteris*)具有叶质粗、角质层厚等特点，却广布于大陆的各个陆块上。非海相化石水龙兽(*Lystrosaurus*)不仅发现于非洲和印度，而且在南极洲也有化石发现，证明冈瓦纳大陆确实存在(图 12-3)。*Lystrosaurus* 也曾发现于其他陆块，很可能冈瓦纳大陆的范围比过去设想的要大，也可能当时非洲与劳亚大陆也有一定的联系。板块构造和地体学说兴起后，使一度被固定论所反对、几乎销声匿迹的大陆漂移学说得到了复苏和发展，而古生物学又为板块学说的建立提供了许多证据。

5. 古生物学用于古天文学(历史天文学)的研究

生物生活条件的周期变化，引起生物的生理和形态的周期变化，是为生长节律(growth rhythm)。对各地质时代化石生长节律的研究，能为地球物理学和天文学提供有价值的资料。很多生物的骨骼都表现明显的日、月、年等周期，例如珊瑚的生长纹代表一天的周期。1963年韦尔斯(J. W. Wells)、1965 年斯克鲁顿(C. T. Scrutton)对现代、石炭纪、泥盆纪珊瑚外壁的生长纹进行研究，发现现代珊瑚一年约有 360 条生长纹，而石炭纪一年有 385～390 条生长纹，泥盆纪有 385～410 条生长纹，由此推断泥盆纪和石炭纪一年的天数要比现代多。这一研究成果与天文学家的推算结论完全吻合(图 12-4)。天文学通过对月掩星、日食、月食的长期观察等推断地球每 10 万年日长增加 2s 的结论。这说明地球自转速度在逐渐变慢。天文学公认地球公转的时间在整个地质时期中变化不大。由于每年天数减少，每天的时间长度

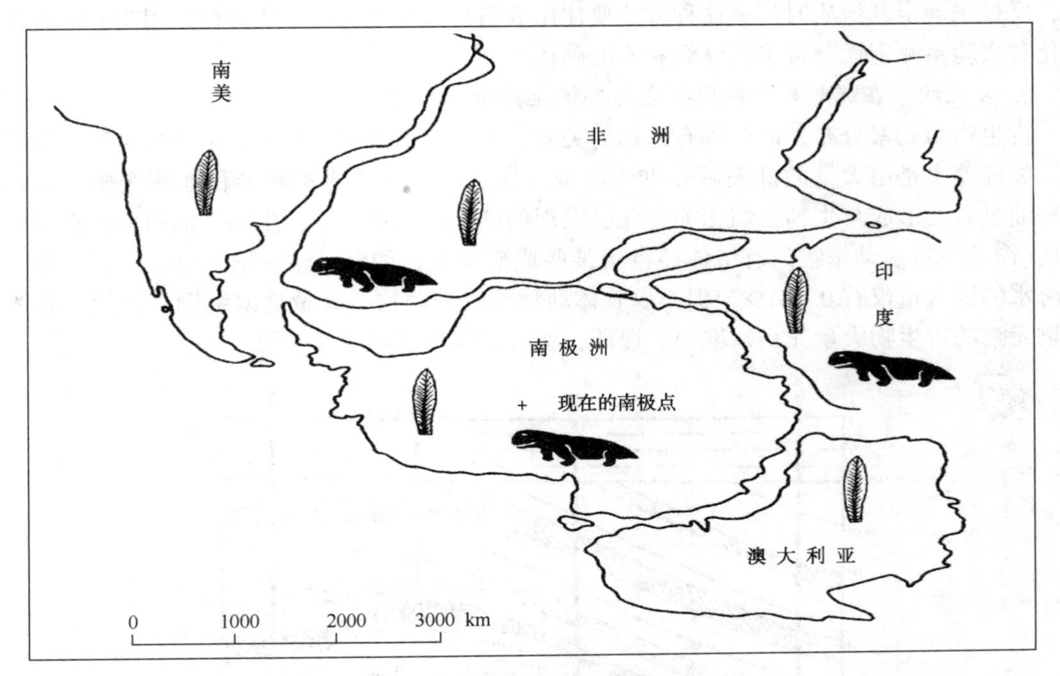

图 12-3　大陆漂移——化石证据
(据 Colbert 等，1973)

必然增加。利用古生物骨骼的生长周期特征，还可推算地质时代中一个月的天数和一天有多少小时。据计算，寒武纪每天为 20.8h、泥盆纪 21.6h、石炭纪 21.8h、三叠纪 22.4h、白垩纪 23.5h。现代一天 24h。

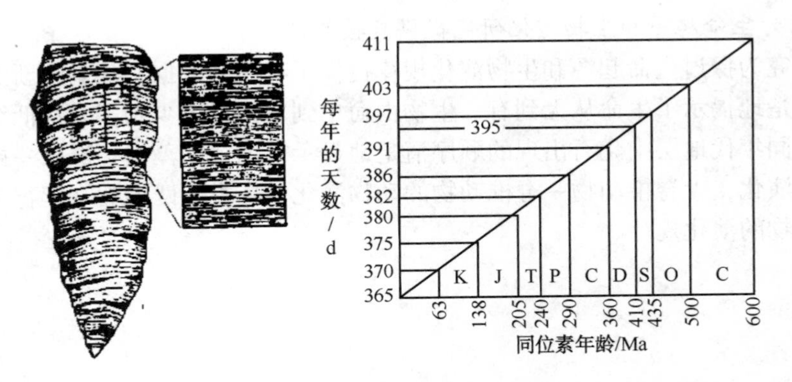

图 12-4　珊瑚的生长纹，示化石生长节律(据 J. W. Wells，1963)

许多海洋生物在生理上与月球运转或潮汐周期有联系。对古代月周期的研究，可提供月、地系统演变史的资料。

根据化石生长线的研究得知，地球自转周期变慢的速度是不均匀的。石炭纪到白垩纪变慢速度很小，而白垩纪以后明显增强。其原因或许是白垩纪以后板块的分离引起浅海区的扩大，从而增强了潮汐对地球的摩擦。

另外，我们在了解各地质时代每年天数变化的基础上，可利用化石生长线得知每年的天数，反过来确定其地质时代，这种方法要比用放射性衰变法测定年代方便，因为它没有化学变化和实验室测定误差带来的麻烦和不准确性。

6. 古生物学在沉积矿产成因研究与勘探生产中的应用

古生物与元素分布、矿产等有密切的关系。有些沉积岩和沉积矿产本身是生物直接形成的。如硅藻土是由大量的硅藻硬壳堆积而成，煤是由大量植物不断堆积埋葬变质而成；石油、油页岩的形成与生物密切相关，在已发现的碳酸盐岩油田中，生物礁油田所占有较大的比例(图 12-5)。动植物的有机体还富集某些成矿元素，如铜、钴、铀、钒、锌、银等。现代海水的铜含量仅有 0.001%，但不少软体动物和甲壳动物能大量地浓缩铜。古代含有浓缩矿物元素的古生物大量死亡、堆积、埋葬，就有可能形成重要含矿层。

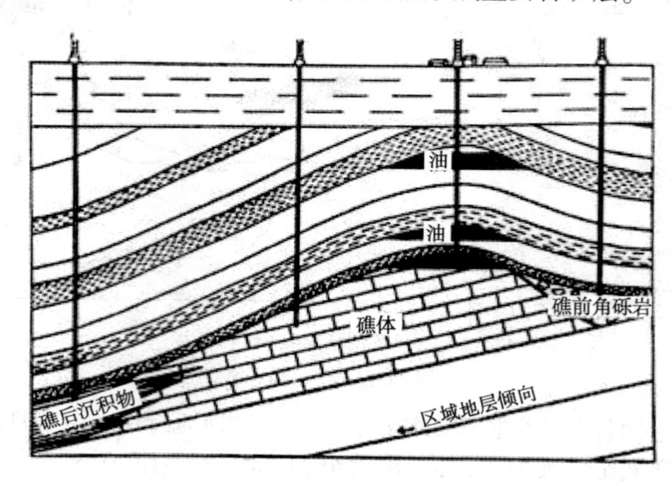

图 12-5　生物礁与石油矿藏的关系(据 D. V. Ager，1963)

7. 古生物为生命起源和生物演化研究提供直接的证据

古生物研究为探讨生命起源和生物演化规律提供了有力的证据。从老到新的地层中所保存的化石，清楚地揭示了生命从无到有、生物由简单到复杂、由少到多、从低级到高级等的演化规律。不同年代地层中化石出现的顺序清楚地显示了细菌—藻类—裸蕨—裸子植物—被子植物的植物演化，无脊椎动物—脊椎动物的动物演化，鱼类—两栖类—爬行类—哺乳类—人类的脊椎动物的演化规律。

参 考 文 献

[1] 范方显．古生物学教程[M]．东营：中国石油大学出版社，1993.
[2] 傅英祺，叶鹏遥，杨季楷．古生物地史学简明教程[M]．北京：地质出版社，1992.
[3] 何心一，徐桂荣，等．古生物学教程[M]．北京：地质出版社，1987.
[4] 李勇，陈淑娥，王瑶培，等．古生物学实习指导书[M]．西安：陕西科学技术出版社，2008.
[5] 童金南，殷鸿福．古生物学[M]．北京：高等教育出版社，2007.
[6] 杨家禄，李志明．古生物学实习指导书[M]．北京：地质出版社，1993.
[7] 张永辂，刘冠邦，边立曾，等．古生物学[M]．北京：地质出版社，1988.
[8] 朱才伐．古生物学简明教程[M]．北京：石油工业出版社，2010.
[9] R W 费尔布里奇，D 雅布隆斯基．古生物学百科全书[M]．北京：地质出版社，1998.
[10] Clare Milsom，Sue Rigby. Fossils at a Glance[M]．New Jersey：Wiley-Blackwell，2010.